法 式 蔬 菜 技 法 全 書

法式蔬菜技法全書：斐杭狄法國高等廚藝學校的食譜與烹飪指南
Légumes: Recettes et techniques d'une école d'excellence

作者	斐杭狄法國高等廚藝學校（FERRANDI Paris）
攝影	麗娜・努拉（Rina Nurra）
翻譯	羅亞琪
責任編輯	謝惠怡
排版設計	唯翔工作室
封面設計	郭家振
行銷企劃	張嘉庭

發行人	何飛鵬
事業群總經理	李淑霞
社長	饒素芬
圖書主編	葉承享

出版	城邦文化事業股份有限公司 麥浩斯出版
E-mail	cs@myhomelife.com.tw
地址	115台北市南港區昆陽街16號7樓
電話	02-2500-7578

發行	英屬蓋曼群島商家庭傳媒股份有限公司城邦分公司
地址	115台北市南港區昆陽街16號5樓
讀者服務專線	0800-020-299（09:30～12:00；13:30～17:00）
讀者服務傳真	02-2517-0999
讀者服務信箱	Email: csc@cite.com.tw
劃撥帳號	1983-3516
劃撥戶名	英屬蓋曼群島商家庭傳媒股份有限公司城邦分公司

香港發行	城邦（香港）出版集團有限公司
地址	香港九龍九龍城土瓜灣道86號順聯工業大廈6樓A室
電話	852-2508-6231
傳真	852-2578-9337

馬新發行	城邦（馬新）出版集團Cite（M）Sdn. Bhd.
地址	41, Jalan Radin Anum, Bandar Baru Sri Petaling, 57000 Kuala Lumpur, Malaysia.
電話	603-90578822
傳真	603-90576622

總經銷	聯合發行股份有限公司
電話	02-29178022
傳真	02-29156275

製版印刷	凱林彩印股份有限公司
定價	新台幣799元／港幣266元

2024年6月初版一刷・Printed In Taiwan
ISBN：978-626-7401-63-7
版權所有・翻印必究（缺頁或破損請寄回更換）

國家圖書館出版品預行編目資料

法式蔬菜技法全書：斐杭狄法國高等廚藝學校的食譜與烹飪指南/斐杭狄法國高等廚藝學校(FERRANDI Paris)作；羅亞琪翻譯. -- 初版. -- 臺北市：城邦文化事業股份有限公司麥浩斯出版：英屬蓋曼群島商家庭傳媒股份有限公司城邦分公司發行, 2024.06
　　面；　公分
譯自：Légumes : recettes et techniques d'une école d'excellence.
ISBN　978-626-7401-63-7（平裝）
1.CST: 蔬菜食譜 2.CST: 烹飪 3.CST: 法國
427.12　　　　　　　　　　113006053

FERRANDI

PARIS

法 式 蔬 菜 技 法 全 書

斐杭狄法國高等廚藝學校的食譜與烹飪指南

LÉGUMES: RECETTES ET TECHNIQUES D'UNE ÉCOLE D'EXCELLENCE

作者：斐杭狄法國高等廚藝學校（FERRANDI Paris）

攝影：麗娜・努拉（Rina Nurra）

翻譯：羅亞琪

LaVie

序言

　　100 年來，斐杭狄將廚藝方面所有的學科傳授給世界各地的學生。在我們前兩本由 Flammarion 出版的著作（一本是收錄了許多美味法國糕點食譜的全面性教學手冊，另一本是專門傳授巧克力工藝的作品）皆獲得好評之後，現在我們要將鎂光燈聚焦在蔬菜。食用植物種類繁多，絕對值得在我們的餐盤上扮演主角，而非只是配角。

　　雖然有很多國家越來越重視蔬菜，但是長久以來，植物一直遭到傳統法國料理所忽視。蔬菜跟穀物一樣，很早就成為人類的主食之一，因此被認為比不上肉類，鮮少在法國餐飲文本和高檔料理菜單中獲得一席之地。但，植物界龐大的多樣性，譬如：紅蘿蔔、馬鈴薯、大蔥、高麗菜、菊芋、南瓜、菇類只是隨手舉的幾個例子，都可以為廚師帶來許多靈感和無限可能。

　　傳統技藝和創意革新都是斐杭狄教學理念的核心。透過跟業界的緊密關係，我們得以維持這兩者之間的平衡，把我們的學校變成這個領域的頂尖機構。這就是為什麼這本書不但提供以蔬菜為主角的美味食譜（葷素都有），還有示範基本技巧與分享專家建議。無論是在自家或專業廚房，任何人只要想探索充滿啟發的蔬菜世界，都會將這本著作視為無價之寶。

　　我要大大感謝那些協助這本書問世的斐杭狄成員，包括統籌這項企畫的奧黛莉・珍妮特（Audrey Janet），還有傑瑞米・巴內（Jérémie Barnay）、斯特凡納・亞基奇（Stéphane Jakic）和弗雷德里克・勒蘇德（Frédéric Lesourd）這三位學校主廚，他們大方分享自己的專業，熟練地結合了技術與創意，讓我們看見一座菜園豐富的料理潛能。那些討厭特定蔬菜的人，不管你是大人還是小孩，我們都希望這本書能帶給你驚喜，改變你的想法！

布魯諾・德・蒙特（Bruno de Monte）
斐杭狄高等廚藝學校校長

目錄

前言
認識斐杭狄高等廚藝學校

在創校 100 年的歷史當中，斐杭狄高等廚藝學校贏得了國際名聲，是法國最頂尖的餐旅學校之一。打從一開始，這間被媒體譽為「美食界的哈佛」的學校便不斷訓練出一代又一代的創新廚師和企業家，在世界各地的餐飲業留下自己的記號。無論是在位於巴黎聖日耳曼德佩區的最早校區、波爾多校區，或者即將在雷恩和第戎開辦的兩個校區，斐杭狄高等廚藝學校都致力傳授世界級的教學內容，目標是要訓練烹飪糕點藝術、飯店餐廳管理和餐旅創業等產業的未來領袖。

斐杭狄高等廚藝學校在 1920 年由巴黎法蘭西島大區工商會創立，是法國唯一一間提供餐旅業完整學位與認證課程的學校，從職業訓練到碩士學位都有包含，此外還有國際課程。這間學校的考試通過率達 98%，是全法國這個領域有提供學位和證書的機構中通過率最高的。無論哪一個等級的課程，斐杭狄高等廚藝學校都會提供嚴格的教學，除了要求學生精通基本技能，也強調創新、管理和創業技巧以及在專業環境的實作經驗。

跟業界關係緊密

斐杭狄高等廚藝學校是一個帶來發現、靈感和交流的空間，廚藝在這裡跟科學、科技與創新結合。這間學校聚集了該產業最響叮噹的人物，一起討論和塑造餐飲業的未來，同時不斷突破廚藝巧思的界線。這間學校每年訓練 2200 位學徒和學生，此外還有 300 位來自 30 多個國家的國際學生，外加 2000 位來到這裡加強技術或轉換跑道的成年學員。學校的 100 位老師都非常優秀，有好幾位曾經榮獲著名的廚藝獎項和殊榮，如法國最佳工藝師的頭銜。另外，所有老師都有在法國或其他國家餐飲業知名機構工作至少十年的經歷。

為了讓學生有機會跟其他領域和國際產業交流，這間學校和其他數所學校建立了合作關係，法國的姊妹校包括 ESCP 歐洲高等商學院、巴黎農業技術學院及法國時裝學院，海外的姊妹校則有美國的詹森威爾斯大學、加拿大的魁北克旅遊與酒店學院、香港理工大學和中國

的觀光研究學院。由於理論和實務密不可分，而且斐杭狄高等廚藝學校又努力提供卓越的教學，學生也有許多機會參與正式活動。這些都是透過跟法國數所頂尖廚藝協會合作完成的，包括法國主廚協會、法國最佳工藝師協會和歐洲托克協會等。除此之外，我們的學校更提供數不清的卓越專業競賽和獎項，給學生許多機會展現自

己的技能與知識。斐杭狄高等廚藝學校是法國文化的大使，每年都吸引來自世界各地的學生。這間學校也是法國跨部門觀光理事會、法國旅遊發展署策略委員會以及卓越觀光培訓會（法國一個提供觀光相關領域頂尖培訓的協會團體）的成員。

廣泛專業技能

斐杭狄高等廚藝學校的專業結合了實務以及跟業界人士的密切合作，這在前兩本為專業和業餘廚師所寫的著作（一本以法國糕點為主題，另一本以巧克力工藝為主題）已經分享過。這兩本書都獲得了好評，尤其糕點那一本更是贏得美食世界食譜獎。現在，斐杭狄高等廚

藝學校要把注意力轉向蔬菜。蔬菜極為多元，需要具備廣泛的烹飪技巧知識才能精通，因為就連紅蘿蔔、馬鈴薯和大蔥等常見食材都可以使用各種不同的方法調理和上菜。在最新出版的這本書，學校老師會發揮技術技能和創意來展現一座菜園巨大的廚藝潛能。

蔬菜——值得探索的食用植物世界

跟肉類相比，蔬菜的可能性是大得多。我們攝取的不同植物能夠提供的風味感受多到數也數不清，包括甜味（洋蔥和大蔥）、土味（甜菜）、葉菜（菠菜和萵苣）、茴香和清涼提神（小黃瓜）等。蔬菜也有各種口感，像是生食的酥脆以及熟食的鬆軟綿密。雖然蔬菜常被賦予小菜或主菜附食的地位，但是它們其實應該好好被賞識。在這本書，天賦異稟的斐杭狄高等廚藝學校主廚會邀你探索蔬菜的世界，以及這些謙遜的植物使我們的味蕾感到愉悅的無數種方式，無論是單吃，抑或是搭配肉類、魚類或海鮮。你會學到特殊的剁切和烹煮等製備技巧，也會探索各種複雜、有創意的方式，以帶出和提升各種蔬菜類別的天然特性。我們希望你能夠在這趟美味且時有驚喜的蔬菜發現之旅中找到靈感。

蔬菜的基礎知識
VEGETABLES: THE ESSENTIALS

什麼是蔬菜？

「蔬菜」一詞其實不是植物學的專有名詞，而是烹飪領域對人類攝取的可食植物所做的分類。蔬菜的定義就只有這樣，所以被我們稱作蔬菜的植物才有如此多元的形狀、口感和風味，不管我們吃的是它們的根部、鱗莖、葉子、花朵、果實或種子。蔬菜唯一的共通點，就是具有愉悅我們感官的能力。雖然我們常常把可食菇類歸類為蔬菜，但是它們不像其他蔬菜那樣屬於植物界，而是自成一類，即真菌界。海藻也是如此，嚴格來說不算植物，而是一種藻類。

蔬菜如何分類？

蔬菜有兩種主要的分類方式，一種是根據不同的科，一種是根據食用的部位。

植物學分類

我們所攝取的植物總共分屬二十種以上的科。不過，許多菜園常見的蔬菜都可以被分到以下八科當中的一科（這不是完整的清單）：

- **繖形科**，俗稱**香芹科**，包括紅蘿蔔、西洋芹、香葉芹、茴香和歐防風，還有巴西利、香菜、歐當歸、孜然等多種香草和香料。

- **菊科**，俗稱**向日葵科**，包括朝鮮薊、刺菜薊、菊芋、菊苣、婆羅門參和萵苣。

- **十字花科**，俗稱**高麗菜科**，包括高麗菜、白花椰和青花菜，還有羽衣甘藍、芝麻葉、水田芥等葉菜類。

- **莧科**，屬於開花植物，包含原本的藜科，如甜菜根、菠菜和葉用甜菜。

- **葫蘆科**，俗稱**瓜科**，包括南瓜、夏季和冬季瓜類以及小黃瓜。

- **豆科**，成員有豌豆、四季豆、鷹嘴豆和扁豆等莢果。

- **石蒜科**，包括蒜、紅蔥頭、洋蔥和大蔥。

- **茄科**，又稱顛茄科，包括茄子、馬鈴薯、番茄、甜椒、辣椒等。

根據科別來分類，對不熟悉植物學的人來說往往太過複雜、難以理解，因為這種分類法把不同形態和味道、需要不同烹調技巧的各種蔬菜歸成一類。在這本書，只有葫蘆科和十字花科有自己的章節，其他章節則是根據下面說明的第二種分類方式來安排。

食用部位分類

蔬菜也可以根據我們所食用的部位來進行分類，像是根部（紅蘿蔔、甜菜根）、葉子（菠菜、萵苣）、塊莖（馬鈴薯）、果實（番茄、茄子）、鱗莖（蒜、洋蔥）、莖部（蘆筍）、種子（豆類）、甚至花朵（朝鮮薊、青花菜）。本書大部分的章節都是使用這個分類方式安排，因為這從烹飪的角度來看比較適切。

水果還是蔬菜？

在烹飪的世界，蔬菜和水果之間的界線有時候很模糊。有些我們認為屬於蔬菜的農產品嚴格來說其實是果實，如櫛瓜、茄子和番茄。更令人困惑的是，有些我們視為水果的植物其實是蔬菜，如大黃。植物學和料理學並不完全彼此相符，因為從植物學的觀點來看，「蔬菜」這個分類並不存在，但是「果實」卻是存在的，指的是開花植物的可食部位。

不同的耕作和種植方式

有機或慣行？綜合、樸門，還是集約？溫室或露天？種植蔬菜的方式有很多種，關於什麼才是餵養這顆星球最好的方式，有很多的辯論。對廚師而言，最重要的考量因素有這些：

- **新鮮度**：購買本地生產的蔬菜，確保蔬菜運輸的距離越短越好，是保證蔬菜新鮮最簡單的方式。
- **風味**：風味跟品種有關，也可能因為蔬菜種植的方式而有所不同。基本上，在成熟的時候收成的當季蔬菜風味最佳。
- **全株食用的潛力**：最好所有的部位都能利用，包括葉子和不同部位的表皮。使用有機或綜合耕作方式生產出來的蔬菜是最好的。請務必徹底清洗蔬菜。

挑選食用時機最佳的蔬菜

基本上，蔬菜越新鮮、越好吃。然而，也有一些少見的例外，像是香葉芹的根部便要存放數週之後才會好吃。新鮮的蔬菜會很結實、顏色鮮明，沒有斑點或凋萎的葉子等顯示蔬菜受損或不夠新鮮的跡象。在蔬菜收成後盡快烹煮，通常可帶出最棒的滋味和營養。

準備

蔬菜必須徹底沖洗、瀝乾，清除泥土、沙粒和任何表面細菌。為避免維生素流失太多（特別是維生素 B 和 C），請勿將蔬菜長時間浸泡在水中。快速浸泡幾次的做法會比較好，特別是葉菜類和沙拉用的生菜。已經削皮或切開的蔬菜應該放在冰箱，盡快食用，以免養分流失或變色。請注意，有些蔬菜（像是酪梨、朝鮮薊、歐防風、菊芋、大頭菜和婆羅門參）一旦削皮或切開之後，就會因為氧化而快速轉褐，所以應該放在碗裡跟檸檬汁混合，或是浸泡在添加一點檸檬汁或醋的冷水中，防止變色。把蔬菜切成差不多的大小（參見第 52–85 頁的切菜技巧）可確保烹煮均勻，但要記住，切得越小或越薄，蔬菜就會接觸越多空氣，進而流失越多維生素或礦物質。

烹調

有些蔬菜既能生吃，也能煮熟來吃，但是有些蔬菜一定要煮過，才會比較美味、容易消化，像是馬鈴薯。雖然無論用什麼方式烹煮，都會摧毀蔬菜的部分營養和酵素，但是烹煮也能殺死有害的細菌，某些烹煮方式還能提高其他營養的價值。烹煮也能使味道濃縮，但是要記住，長時間烹煮、高溫烹煮或在大量滾水中燙煮可能流失特別多養分。這本書將會說明蒸、燙、燉、烤等各種烹煮方法（參見第 86–105 頁的烹煮技巧）。

零浪費

我們應該尊重蔬菜，也就是利用蔬菜的每一個部位，不要丟棄削切下來的東西。雖然我們通常只吃蔬菜的特定部位，但是剩餘的部分也可用在其他食譜。

- **強韌的綠色蔬菜**：在法國南部，人們習慣切掉葉用甜菜的粗梗，只吃葉子的部分，但在里昂，人們更喜歡葉用甜菜白色的莖部。最好的解決方式是在不同的食譜中以不同的方式使用兩種部位，例如把莖加在焗菜或湯品中。同樣地，請不要丟棄菠菜的粗梗，因為這些也很適合用在湯品和醬料之中。
- **脆弱的綠色蔬菜**：如果萵苣不再新鮮爽脆，可以打成滑順綿密的白高湯醬，或是跟香草、核桃、榛果或杏仁等堅果以及一點橄欖油一起打成青醬。
- **根部和塊莖**：假如你買到了有機的根莖類蔬菜，徹底刷洗乾淨後，可以不用削皮，或是把皮削掉，留著製作其他菜餚。菊芋和馬鈴薯的皮可以做成美麗的脆片；歐防風的皮可以為高湯或湯品增添美妙的滋味；紅蘿蔔、白蘿蔔、蕪菁和甜菜根的頂部仔細清洗燙過之後，可以用來製作青醬、湯品等菜餚。
- **豆莢**：許多豆類的豆莢都是可以食用的，尤其如果是在很嫩的時候就採收。鮮脆的甜豆豆莢可以加在高湯中，滾煮幾分鐘，接著打泥過篩，做成美味的湯品。酥炸蠶豆莢也是一道可口的點心。
- **瓜類**：雖然奶油南瓜和南瓜等冬季瓜類傳統上都會把皮削掉，但是只要沒有上蠟或經過特殊處理，這些皮其實都可以吃，不用削掉。瓜類剛採收下來，皮最適合食用，放太久可能會很硬。瓜類的種子烘烤後，可以跟開胃酒一起上桌，或是灑在沙拉上。
- **十字花科蔬菜**：較粗或輕微受損的外葉很適合用在湯品或高湯中，而白花椰綠葉部分那些纖維豐富的葉梗則可以在削皮後，進行煎炒或油炸。青花菜、羅馬花椰菜和白花椰的梗在削皮後，也可以切丁煎炒，或加在沙拉中生吃。
- **高湯**：只要是有機栽種的，各式各樣削切下來的部位都可以加入高湯，像是蘆筍較粗的那一頭——把它丟掉太可惜了。

最後，沒辦法使用的任何部位都可以做堆肥。

保存新鮮蔬菜

　　所有的蔬菜都是活細胞組成的，必須適當保存，才能保持新鮮較久的時間。不同的蔬菜需要不同的保存條件，但是雖然冷藏可以讓很多蔬菜保鮮得較久，卻不是所有的蔬菜都需要這麼做。有些蔬菜保存在陰暗處最好，有些不喜歡溫度變化。容易凋萎或變乾的蔬菜，最好是放在冰箱濕度設定較高的保鮮室；會產生乙烯的蔬菜（如酪梨）則最好放在濕度較低的環境。你應該經常清潔保鮮室，清除可能導致腐敗的細菌。蔬菜一切開，便會開始變色和流失養分，因此你應該把它放在保鮮盒，再放入冰箱，二十四小時之內使用完畢。

果實（番茄、櫛瓜、酪梨、甜椒、茄子等）

　　櫛瓜、甜椒和茄子出售時就已經成熟，應該存放在冰箱的保鮮室。反之，番茄是一種更性果實，也就是採收下來還會繼續後熟。把番茄放在冰箱可能會掩蓋它的風味或導致味道平淡，因此最好置於常溫。想讓番茄吃起來更清爽，可以在上菜之前冰一、兩個小時，便不會損害其口感或風味。酪梨也是更性果實，如果已經成熟，放在冰箱可以維持新鮮好幾天；如果尚未成熟，則放在

常溫，直到可以吃為止。若想加快酪梨成熟的速度，可以跟香蕉或蘋果等產生大量乙烯的水果一起放在紙袋裡。其他的更性果實也可以這樣快熟。

葉子（菠菜、菊苣、葉用甜菜、酸模、水田芥、萵苣等）

　　葉菜類特別脆弱，應該存放在冰箱保鮮室，採收後盡快食用，尤其是纖弱的沙拉用生菜。葉用甜菜等強韌的葉菜類可以保存得比較久，放在保鮮室可長達四天。原本就有包裝的生菜是經過調氣包裝，應該放在冰箱，但是包裝打開前不用放進保鮮室。

莖類（蘆筍、茴香、大蔥、西洋芹、蒜頭、洋蔥等）

　　保存蘆筍最好的方式，是用濕布將一把蘆筍包裹起來，然後放在保鮮室。西洋芹、茴香和大蔥比較強韌一些，放在冰箱可以保存五到七天。蒜頭、洋蔥和紅蔥頭等偏乾的鱗莖蔬菜應該放在乾燥陰涼處，避免光線直接照射。而蒜苗和青蔥等鱗莖的葉子則應該放在冰箱。

根部與塊莖（馬鈴薯、紅蘿蔔、根芹菜、菊芋、草石蠶、白蘿蔔、蕪菁、婆羅門參、瑞典蕪菁等）

　　大部分的根莖類蔬菜都可以保存得很久，因此長久以來受到青睞。只要放在通風良好的陰涼處，例如根莖蔬菜地窖或地下室，這些蔬菜就能存放好幾個月。某些根莖類蔬菜（像是櫻桃蘿蔔和草石蠶）容易乾掉，所以應該放在冰箱，小馬鈴薯和小紅蘿蔔等尚未完全成熟的根莖類蔬菜也是。

瓜類（南瓜、夏季和冬季瓜類、小黃瓜等）

　　南瓜等冬季瓜類不需要冰，放在乾燥通風的架子上就可以保存一整個冬天。但，請小心不要碰撞瓜類，因為只要出現損傷，它們很容易會發霉。冬季瓜類儲藏的時間越久，風味往往會越好，因為瓜類含有的糖分變得更濃縮。然而，只要切開了，冬季瓜類就得放進冰箱保存，數天內吃完。佛手瓜及櫛瓜等皮薄的夏季瓜類放在冰箱最多可以保存五天，最好放進保鮮室。小黃瓜特別怕冷，所以請保存在陰涼的地方，若放在冰箱則要放進保鮮室。

十字花科（白花椰、青花菜、高麗菜等）

　　十字花科的蔬菜有些十分脆弱（青江菜、芝麻葉、白花椰），需要冷藏並快速食用完畢，有些比較強韌（高麗菜），可以冷藏較久。十字花科的成員跟瓜類一樣不

喜歡遭到粗暴對待，因此運送和拿取時要小心。

豆類（蠶豆、豌豆及其他豆子）

蠶豆、豌豆和其他需要脫殼的豆子沒辦法放很久，除非經過乾燥（也就是成熟的豆子）。新鮮的豆子其實是不成熟的，所以才會如此嬌弱。新鮮的豆子放在冰箱可以保存三天。

菇類

菇類很脆弱，喜歡被保存在陰暗潮濕的環境，以免乾掉。菇類假如保存在塑膠袋裡，會出水、變得黏滑，因此應該放在紙袋，使空氣循環的同時還能保留濕氣。請把菇類存放在冰箱的保鮮室或陰涼的地下室，遠離任何氣味強烈的食物，因為菇類很容易吸收味道。

保存蔬菜的其他方式

- **發酵**：製成德國泡菜或韓國泡菜，還有其他醃菜。
- **醃漬**：將小黃瓜、白蘿蔔、豆類或洋蔥等蔬菜浸泡在鹽滷或酸性溶液（醋或檸檬汁）中保存。
- **乾燥**：這個方法在氣候溫暖的地區由來已久，可以保存各種蔬菜，如番茄、櫛瓜、甜椒和茄子。這也是保存菇類很棒的方式，可保留菇類的風味。

- **製成罐頭**：這個方法會先將蔬菜加熱到 110 到 120℃，消滅有害的微生物，接著密封在密閉的鐵罐中。高溫處理可能導致蔬菜失去色澤、風味、養分或口感。
- **冷凍（-18℃）**：如果希望把對蔬菜纖維的傷害降到最低，同時消滅可能造成蔬菜腐敗的微生物，可以先將蔬菜放進加鹽的滾水中汆燙，接著快速冷卻，然後放進保鮮盒或保鮮袋冷凍。

世界各地的蔬菜產季

這張表格列出了各種蔬菜的典型採收季節。然而，確切的採收時間會根據你住在什麼緯度、什麼氣候以及其他因素而有所不同。雖然很多新鮮蔬菜一年四季都能在超市買到，但如果沒有正值當地的種植季節，這些蔬菜很有可能是種在溫室裡或從世界上的其他地方運來的。在最成熟的時機採收並且靠近產地販售的蔬菜，可以帶來最多養分和最佳風味。只要可以，就讓當地的農夫市集成為你的指引。

春季

• 朝鮮薊	• 火焰萵苣
• 菊芋	• 羊萵苣
• 蘆筍	• 洋菇
• 酪梨	• 洋蔥
• 蠶豆	• 歐防風
• 四季豆	• 豌豆
• 甜菜根	• 馬鈴薯
• 甜椒	• 白蘿蔔
• 青江菜	• 黑皮白蘿蔔
• 青花菜	• 紅皮白蘿蔔
• 孢子甘藍	• 瑞典蕪菁
• 高麗菜	• 婆羅門參
• 大白菜	• 紅蔥頭
• 紫高麗菜	• 酸模
• 紅蘿蔔	• 菠菜
• 白花椰	• 夏季瓜類
• 羅馬花椰菜	• 冬季瓜類
• 西洋芹	• 甜豆
• 根芹菜	• 葉用甜菜
• 玉米	• 蕪菁
• 草石蠶	• 水田芥
• 小黃瓜	• 櫛瓜
• 捲葉苦苣和寬葉苦苣	
• 茄子	
• 菊苣	
• 茴香	
• 蒜頭	
• 羽衣甘藍	
• 大蔥	
• 萵苣	

夏季

• 朝鮮薊	• 黑皮白蘿蔔
• 蘆筍	• 紅皮白蘿蔔
• 酪梨	• 紅蔥頭
• 蠶豆	• 酸模
• 四季豆	• 菠菜
• 甜菜根	• 夏季瓜類
• 甜椒	• 甜豆
• 青江菜	• 葉用甜菜
• 孢子甘藍	• 水田芥
• 高麗菜	• 櫛瓜
• 大白菜	
• 紫高麗菜	
• 紅蘿蔔	
• 西洋芹	
• 玉米	
• 小黃瓜	
• 捲葉苦苣和寬葉苦苣	
• 茄子	
• 菊苣	
• 茴香	
• 蒜頭	
• 大蔥	
• 萵苣	
• 火焰萵苣	
• 洋菇	
• 洋蔥	
• 豌豆	
• 馬鈴薯	
• 紫馬鈴薯	
• 白蘿蔔	

秋季		**冬季**	
• 朝鮮薊	• 洋菇	• 菊芋	• 豌豆
• 菊芋	• 洋蔥	• 酪梨	• 馬鈴薯
• 酪梨	• 歐防風	• 蠶豆	• 南瓜
• 四季豆	• 豌豆	• 甜菜根	• 白蘿蔔
• 甜菜根	• 馬鈴薯	• 甜椒	• 瑞典蕪菁
• 甜椒	• 紫馬鈴薯	• 青江菜	• 婆羅門參
• 青江菜	• 南瓜	• 青花菜	• 菠菜
• 青花菜	• 白蘿蔔	• 孢子甘藍	• 冬季瓜類
• 孢子甘藍	• 黑皮白蘿蔔	• 高麗菜	• 地瓜
• 高麗菜	• 紅皮白蘿蔔	• 大白菜	• 葉用甜菜
• 大白菜	• 瑞典蕪菁	• 紫高麗菜	• 蕪菁
• 紫高麗菜	• 婆羅門參	• 紅蘿蔔	• 水田芥
• 紅蘿蔔	• 紅蔥頭	• 白花椰	
• 白花椰	• 菠菜	• 羅馬花椰菜	
• 羅馬花椰菜	• 夏季瓜類	• 西洋芹	
• 西洋芹	• 冬季瓜類	• 根芹菜	
• 根芹菜	• 地瓜	• 佛手瓜	
• 佛手瓜	• 葉用甜菜	• 草石蠶	
• 玉米	• 蕪菁	• 茄子	
• 草石蠶	• 水田芥	• 菊苣	
• 小黃瓜	• 櫛瓜	• 茴香	
• 捲葉苦苣和寬葉苦苣		• 蒜頭	
• 茄子		• 羽衣甘藍	
• 菊苣		• 大蔥	
• 茴香		• 萵苣	
• 蒜頭		• 火焰萵苣	
• 羽衣甘藍		• 羊萵苣	
• 萵苣		• 洋菇	
• 火焰萵苣		• 洋蔥	
• 羊萵苣		• 歐防風	

設 備
EQUIPMENT

器具

1　番茄削皮器

2　蔬果削皮器

3　鳥嘴刀

4　水果刀

5　片刀

6　主廚刀

1 四面刨絲器和平面刨絲器　　7 削皮器

2 圓錐形濾網　　　　　　　　8 打蛋器

3 細目篩網或濾網　　　　　　9 打沫勺

4 切片器和各式刀片

5 挖球器

6 附有大刨孔的檸檬刨絲器

器具 (續)

1　鍋蓋

2　蒸鍋

3　小、中、大湯鍋

4　油炸鍋和油炸籃

5　鍋架式搗泥器和各式濾盤

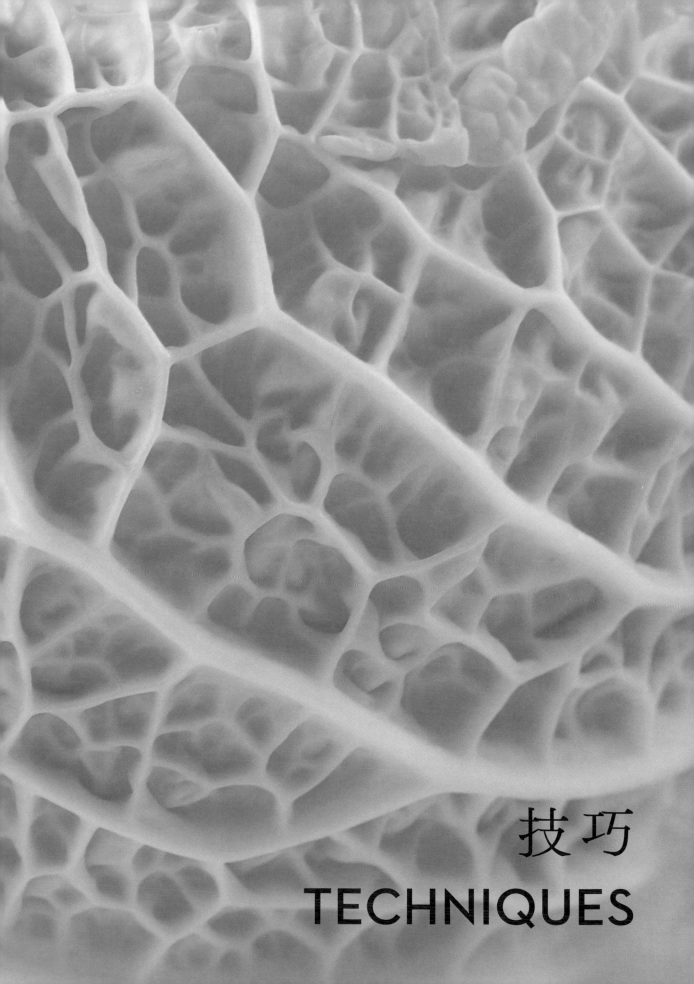

技巧
TECHNIQUES

前置處理與清洗

清洗萵苣

將沙拉用生菜（蘿蔓生菜、火焰萵苣、綠捲鬚萵苣、橡木萵苣、羊萵苣、芝麻葉等）個別放入加了一點醋的冷水中清洗，可以去除泥土、沙子和蚜蟲等雜質以及損壞的葉子。

食材

蒸餾白醋（4 杯／1公升的水添加1/3 杯／80 毫升）

萵苣

設備

主廚刀

蔬菜脫水器

1· 將一個大碗裝滿四分之三的冷水，加入醋。

2 • 切掉萵苣根部。

3 • 一片一片小心剝掉萵苣的葉子，泡在水中。

4 • 用手取出菜葉。

5 • 放入脫水器中，旋轉至乾。

清洗與保存香草

食材
蒸餾白醋（4 杯／1 公升的水添加 1/3 杯／80 毫升）
新鮮香草

大廚筆記

香草經過妥善包裹後，
可放進保鮮盒，
在冰箱保存數日。

1• 水和醋放入一個大碗，香草泡在裡面。

2• 弄濕幾張廚房紙巾，取出香草，放在紙巾上。

3• 用紙巾將香草捲起。

4・小心不要捲得太緊。冷藏保存。

清洗大蔥和茴香鱗莖

食材　　　　　　**設備**
大蔥　　　　　　　　主廚刀
茴香鱗莖
蒸餾白醋（4 杯／1 公升的
水添加 1/3 杯／80 毫升）

大廚筆記

挑選大蔥時，
要挑白色部分比例高、
頂端翠綠的。

1・ 大蔥的綠色部分切掉約三分之二，再縱切對半。

2・ 切掉根部，剝除外層損壞的葉片。

3・ 茴香鱗莖縱切對半，接著劃兩刀切除硬芯。

清洗大蔥和茴香鱗莖 (續)

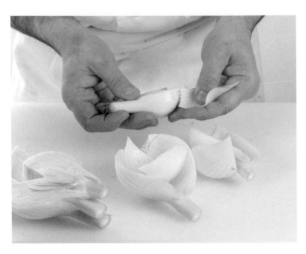

4 • 剝除外層損壞的部分。

5 • 將醋加入冷水中，仔細清洗大蔥，以去除每片葉子之間所有的泥土。

6 • 取出大蔥。

7 • 茴香也以相同的方式在加了醋的乾淨冷水中清洗，仔細洗淨每一片。

清洗菇類

食材
菇類

設備
水果刀
柔軟的刷子或菇類專
用刷子

1. 假如菇很大朵（像是牛肝菌菇），便將蕈柄切短。

清洗菇類 (續)

2 • 若是較小的菇，則切掉靠近土壤的根部。

3 • 將雞油菌菇或黑喇叭菇等菇類泡在冷水中，稍
微繞個幾圈便可取出。

4 • 使用沾濕的刷子清潔羊蹄菇或牛肝菌菇。菇類
不要泡在水中太久，否則會吸收太多水分。

大廚筆記

請勿將菇類存放在塑膠袋中，
這會滋生細菌。

處理蘆筍

食材
蘆筍

設備
水果刀
銳利的蔬果削皮器
棉繩

1• 用水果刀切掉每根蘆筍的根部，因為這個部位通常已木質化或受損，接著切除莖部的苞片。

2• 將蘆筍平放，使用削皮器小心削掉莖部的外皮。

3• 用刀尖在蘆筍尖端的底部做記號。

4 • 將莖部的外皮削到做記號的位置。

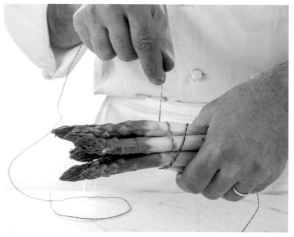

5 • 將八根左右（視粗細而定）的蘆筍捆在一起，
使用棉繩纏繞兩、三圈固定。

6 • 將棉繩打結，確實固定蘆筍。

番茄去皮去籽

這個技巧也可以用來去除蠶豆、生杏仁和桃子的外皮。

食材
番茄

設備
水果刀
打沫勺

1 • 用水果刀的刀尖切除番茄的蒂頭。

2 • 在每顆番茄的底部劃十字。

3 • 將番茄放入滾水中二十秒。

番茄去皮去籽 (續)

4 • 用打沫勺撈出番茄,立刻泡在冷水中,以免繼續加熱。

5 • 輕輕鬆鬆撕除外皮。

6 • 番茄縱切對半。

7 • 用湯匙小心挖出番茄籽,只留下果肉。

甜椒去皮去籽
（烤箱法）

食材
甜椒
橄欖油

設備
烤盤和烤架
水果刀

烹煮時間
40 分鐘

1. 烤箱預熱到140℃。甜椒放在烤架上，淋上或刷上橄欖油。放進烤箱烘烤 40 分鐘。

甜椒去皮去籽
（烤箱法）　（續）

2・甜椒烤好後，用保鮮膜包覆，等待冷卻。

3・使用水果刀去皮。

4・拔掉蒂頭，甜椒切半，切除內膜和附著的種子。

大廚筆記

去皮的甜椒可跟蒜頭和百里香
一起泡在密封罐的橄欖油裡，
冷藏保存五到七天。

甜椒去皮
（噴槍法）

食材
甜椒

設備
噴槍

靜置時間
20 分鐘

1• 抓著甜椒的蒂頭，用噴槍灼燒甜椒的每一面外皮，小心不要燒到自己。

2 • 外皮全部焦黑後，以保鮮膜包覆，靜置 20 分鐘。

3 • 撕掉保鮮膜，將甜椒泡在冷水中，這樣比較容易搓掉外皮。去除甜椒外皮，確保沒有小塊外皮殘留。

大廚筆記

你也可以利用瓦斯爐或烤肉爐
直火灼燒甜椒外皮。
首先戴上烤箱手套保護雙手，
接著用烤肉叉插入甜椒或用烤肉夾夾著甜椒，
然後再進行灼燒。

豆類去莢

食材
甜豆

沿著豆莢的接縫輕壓,便能打開豆莢。豆莢裂開後,用手指扳開並取出豆子。

處理四季豆

食材
四季豆

1・ 用大拇指和食指拗斷四季豆連接莖部的那一頭。

2・ 假如接縫處有粗絲，要加以撕除。另一頭也以相同的方式拗斷。

製備蔬菜泥

食材
紅蘿蔔、蕪菁或馬鈴薯等蔬菜
蒜頭 1 瓣
奶油
鹽和現磨黑胡椒

設備
主廚刀
鍋架式搗泥器

1・ 清洗蔬菜並削皮。切成同等大小。

大廚筆記

你可以在最後拌入少許有味道的油，
如堅果油、芝麻油或甚至辣椒油，
替蔬菜泥增添風味。

2・ 蒜頭去皮，使用刀面壓碎蒜頭。

3・在一鍋加鹽的滾水中烹煮蔬菜和蒜頭，直到非常軟爛。

4・倒入懸空在碗上方的濾盆瀝乾，瀝出的汁液可以用來製作高湯。

5・趁熱把蔬菜倒進搗泥器，轉動把手，將蔬菜壓成泥。

6・使用可拗折的刮刀拌入一小塊奶油，讓蔬菜泥變得滑順。用鹽和胡椒調味。

剁切

切香草

食材
新鮮香草，挑揀、清洗並擦乾

設備
主廚刀

大廚筆記

- 這個技巧不能用來切蝦夷蔥，因為刀子前前後後移動會使蝦夷蔥的莖受傷，接著氧化變黑。切蝦夷蔥的時候應該一刀切斷或使用剪刀剪斷。

- 巴西利、蘿勒和香菜等脆弱的香草應該上菜前再剁切並加進熱騰騰的菜餚中，以保留其風味。

1• 用手指將香草堆成一堆，大略切碎。

2• 刀子跟自己平行，一隻手壓著刀尖，一隻手抬起刀柄。

3• 像蹺蹺板一樣上下移動刀子，把香草切成末。

切洋蔥

食材　　　　　**設備**
洋蔥　　　　　　　主廚刀

大廚筆記

蔬菜、水果和肉類也可以使用切片器
或裝有切片盤的食物調理機切成片。

1• 剝除洋蔥外層，縱切對半。

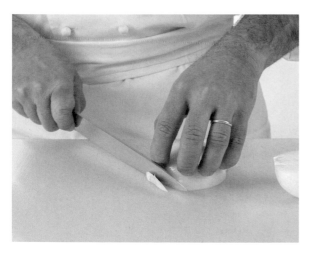

2• 切面朝下，切除根部。

3• 把半顆洋蔥切成 2–3 公釐厚的薄片。

切紅蔥頭

食材
紅蔥頭

設備
水果刀

大廚筆記

你也可以把新鮮香草緊緊捲起來，
根據需求切成細絲或粗絲。

1・ 剝除紅蔥頭外層，縱切對半。

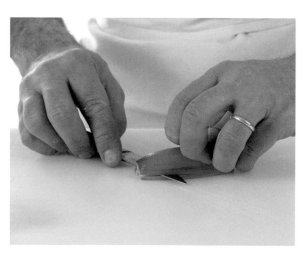

2・ 切面朝下，手指彎曲壓住根部。刀子與砧板平
行，從紅蔥頭頂端往根部水平切數刀，在靠近
根部的地方停下每一刀。

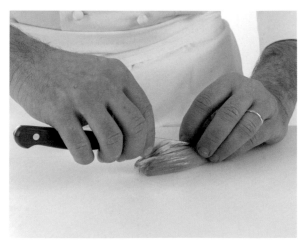

3・ 接著，垂直縱切數刀。

4．與手指平行緊密劃下每一刀，將紅蔥頭切末。

切絲

許多法式菜餚都會用到切絲蔬菜，像是達布雷蔬菜濃湯這款馬鈴薯濃湯，便加了各色切成細絲的蔬菜。這個技巧可以用來切很多種蔬菜。

食材
紅蘿蔔
大蔥

設備
切片器
主廚刀

1・ 紅蘿蔔清洗、削皮，切成 5 公分的長度，再用切片器切片。

2・ 將紅蘿蔔片切成細絲。

3・ 清洗大蔥，只將白色的部分切成 5 公分的長度，接著縱切對半。

4 • 切成細絲。

切小丁

這個把蔬菜切成2公釐小丁的特殊技巧可以製作義式菜麵濃湯、農夫濃湯等手切蔬菜湯品、芳香點綴以及禽鳥或魚類的內餡。

食材
紅蘿蔔或其他硬質蔬菜

設備
主廚刀
切片器

1・ 紅蘿蔔清洗、削皮。切塊,將兩端和四面切平。用切片器切成薄片。

2・ 將紅蘿蔔片切成 2 公釐寬的條狀。

3・ 將紅蘿蔔條切成 2 公釐的小丁。

切片

使用這個簡單的方法將紅蘿蔔、大蔥、西洋芹和蕪菁等蔬菜切片，不會有很多食材被切掉。

食材
紅蘿蔔

設備
主廚刀

1· 紅蘿蔔清洗、削皮，縱切對半，再把每一半切成三份。

大廚筆記

你也可以使用這個切法切出1公分的蔬菜丁，用來製作湯品。

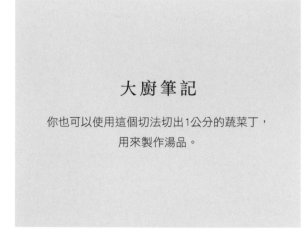

2· 把每一半切成 2 公釐厚的切片。

切塊

這個技巧可把紅蘿蔔、洋蔥和西洋芹等多種不同的蔬菜切成大塊,用來製作高湯、醬汁和芳香點綴。

食材
洋蔥
紅蘿蔔

設備
主廚刀

1‧ 剝除洋蔥外層,縱切對半。刀子與砧板平行,水平切一或兩刀(視洋蔥大小而定),在靠近根部的地方停下每一刀。

2‧ 垂直切三到四刀(視洋蔥大小而定),切成大小相等的大塊。

3‧ 紅蘿蔔清洗、削皮,切除頂部和根部,縱切對半,再將每一半切半。

4 • 握著每一半紅蘿蔔的兩半，切成大小相等的大塊。

切斜片

這是切大蔥、紅蘿蔔、小黃瓜和櫛瓜等圓柱形蔬菜的實用技巧。

食材
大蔥或其他圓柱形蔬菜

設備
主廚刀

清洗蔬菜。一隻手的手指彎曲壓住蔬菜，另一隻手拿刀斜切出厚度一致的切片。

切大丁

這個技巧可以把蔬果切成小丁和塊狀之間的大小。切好的蔬菜通常會以英式方法個別汆燙（參見第90頁技巧），接著冰鎮、瀝乾，接著拌入美奶滋做為開胃冷菜或拌入奶油做為點綴裝飾。

食材
紅蘿蔔
蕪菁

設備
主廚刀

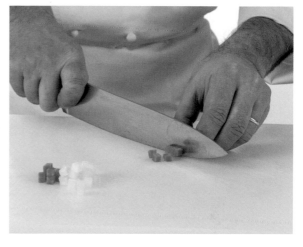

1 • 清洗紅蘿蔔和蕪菁並削皮，切成 5 公釐寬的條狀。

大廚筆記

你可以用切片器把蔬菜切成條，
再切成大丁。

2 • 把數根條狀蔬菜疊在一起，切成 5 公釐的丁狀。

處理朝鮮薊

食材
朝鮮薊
檸檬片或檸檬酸1小匙（5公克）

設備
水果刀
挖球器

1 • 用手折斷朝鮮薊的莖部，使薊心的纖維斷裂。

大廚筆記

謹慎挑選朝鮮薊很重要。
購買前，要確定朝鮮薊感覺沉沉的、
葉片閉合且緊密包覆、
沒有黑斑或其他汙點。

2 • 剝除外葉和大部分較小的嫩葉。

3・用水果刀把中心的葉片削得跟薊心齊平。

↪

處理朝鮮薊 <small>(續)</small>

4・削掉薊心外層。

5・切除朝鮮薊底部綠色的部分。

6・使用挖球器挖出絨毛部位。

7・削掉薊心的邊緣,使其變得平滑。

8 • 將處理好的薊心放在加了檸檬片或檸檬酸的冷
水中備用，以免薊心變黑。

處理紫色朝鮮薊

食材
紫色朝鮮薊
檸檬1顆，或是檸檬半顆加上檸檬酸1小匙（5公克）

設備
水果刀或鳥嘴刀
挖球器

1・ 切掉大部分的莖部，只留 4–5 公分。

2・ 剝除外葉和大部分內層的嫩葉。把中心的葉片削得跟薊心齊平。

3・ 莖部削皮。

4 • 削掉薊心外層。

5 • 用半顆檸檬的切面搓揉薊心，以免薊心變黑。

6 • 縱切對半，使用挖球器挖出絨毛部位。

7 • 在一碗冷水放入半顆檸檬的切片或檸檬酸，將薊心放入水中備用。

菇類雕花

食材
洋菇

設備
水果刀

大廚筆記

你也可以使用這個技巧處理朝鮮薊的薊心。

1• 握住刀子的刀片，放在洋菇頂部，輕輕下壓。

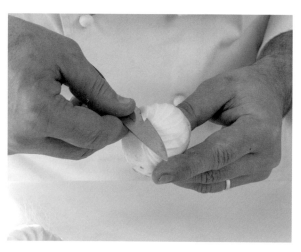

2• 從中心點開始，順著蕈蓋的弧度切出間距相等緊密的切痕。

3• 切下每一刀時，將刀片朝蕈蓋底部斜角移動。

4・重複這個動作，直到整個蕈蓋都有雕花。

菇類斜切滾刀

食材
洋菇

設備
水果刀

1• 切掉蕈柄。斜斜握著刀子,將蕈蓋斜切對半。

大廚筆記

謹慎挑選洋菇,
要挑蕈蓋緊緊包住蕈柄的。

2• 依然斜斜握著刀子,再次將蕈蓋斜切對半,總共切成四塊。

菇類切丁

食材
洋菇

設備
刀片薄長的刀子

1• 切掉蕈柄,接著將蕈蓋水平切成三片。

2• 刀子跟自己平行,將蕈蓋切三或四刀。

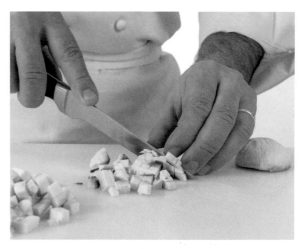

3• 切成 2–3 公釐的丁狀。

紡錘狀馬鈴薯

食材
馬鈴薯

設備
水果刀或鳥嘴刀

大廚筆記

- 務必挑選緊實、蠟質的馬鈴薯品種。

- 將馬鈴薯切成相同的大小和形狀,可確保烹煮時熟度一致。

1· 清洗馬鈴薯並削皮,接著切掉兩端。根據馬鈴薯的大小,把它們切成對半或四塊。

2· 拿一塊馬鈴薯,用大拇指牢牢固定住,由下到上移動刀子,切掉一點外層。

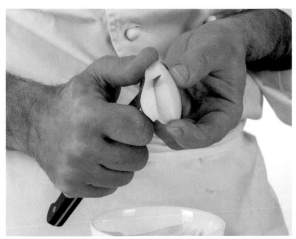

3· 一邊重複這個動作,一邊轉動馬鈴薯,把它修成紡錘狀。

製備巴黎炸馬鈴薯
又稱新橋薯條

巴黎的炸馬鈴薯在1830年代出現了這個新名稱，因為這種薯條最初是在巴黎的新橋河岸開始販售的。

食材
大顆馬鈴薯

設備
主廚刀

大廚筆記

建議大家分兩次油炸馬鈴薯，
先以160℃預炸4－6分鐘，
再以180℃油炸幾分鐘，炸到金黃為止。
這樣做可以讓薯條外酥內軟。

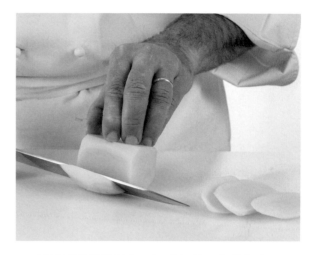

1• 清洗馬鈴薯並削皮，切成各面平直的方塊。。

2• 將方塊切成 1 公分厚的切片。

3• 將切片切成 1 公分寬的粗條。

製備安娜薯片

食材

馬鈴薯

設備

直徑 3.5 公分的餅乾圓模
切片器
安娜薯片平底鍋或不沾鍋

1• 清洗馬鈴薯並削皮。使用餅乾圓模把馬鈴薯切成大小相同的圓柱。用切片器將圓柱切成 2 公釐厚的薄片。

2• 將一張薄片放在鍋子正中央,接著把剩下的薄片重疊排成整齊的同心圓。

3• 每一片馬鈴薯都要間距相等,就這樣堆疊排滿整個鍋底。

製備威化薯片

食材
馬鈴薯

設備
裝有波浪刀片的切片器

1• 清洗馬鈴薯並削皮。使用裝有波浪刀片的切片
器，將馬鈴薯切成 2 公釐厚的薄片。

大廚筆記

• 馬鈴薯全部切片後，務必放入乾淨的冷水中，徹
底洗掉多餘的澱粉。在瀝乾水分後完全擦乾，期
間小心別弄破切片。接著，使用170℃的熱油一
次少量地油炸。

• 你也可以使用相同的方式處理地瓜或紫色馬鈴薯
（一種深紫色的法國馬鈴薯品種）。

2• 每次切完一片，就轉動馬鈴薯 90 度，這樣便
能切出帶有小洞的圖樣。

製備火柴薯條

食材
馬鈴薯

設備
切片器
主廚刀

1• 清洗馬鈴薯並削皮，使用切片器將馬鈴薯切成
5 公釐厚的切片。

大廚筆記

請挑選 Bintje、Russet Burbank、Agria 或 Maris Piper
等粉質的馬鈴薯品種，
因為高澱粉含量可炸出比較酥脆輕盈的成品。

2• 將切片的四邊修平，接著切成 5 公釐寬的細條。

蔬菜麵條

食材
黑皮白蘿蔔或櫛瓜、紅蘿蔔、地瓜等蔬菜

設備
切片器
主廚刀

1· 蔬菜清洗、削皮，使用切片器縱切成1公釐厚的薄片。

大廚筆記

烹煮蔬菜麵條的方法：在滾水中快速涮過，
使蔬菜半熟，接著倒進煎鍋，
跟融化奶油一起翻炒，
最後再以香草或香料調味。

2· 將幾張薄片疊在一起，切成1公分寬的條狀。

蔬菜雕花片

食材
紅蘿蔔

設備
附有大刨孔的檸檬刨絲器
主廚刀

大廚筆記

紅蘿蔔雕花片時常加在湯品或高湯中，
做為芳香點綴。

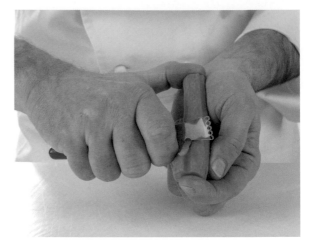

1• 紅蘿蔔清洗、削皮，將刨絲器的大刨孔由下到
上刨過紅蘿蔔，刨的時候用力，便能刨出一道
凹槽。

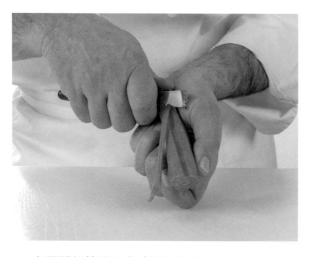

2• 在間距相等的地方重複這個動作。

3• 將紅蘿蔔切成雕花片。

蔬菜球

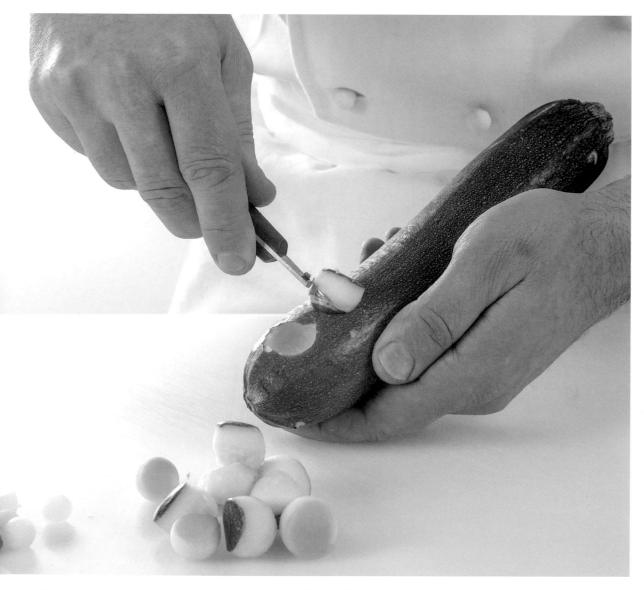

食材
櫛瓜、紅蘿蔔或蕪菁等蔬菜

設備
挖球器

清洗蔬菜。將挖球器插入蔬菜，轉動取出一小球的果肉。

烹煮

速燙高麗菜

這個技巧可以在使用前預煮和軟化高麗菜葉片。

食材
高麗菜
鹽

烹煮時間
3–4 分鐘

設備
打沫勺
瀝乾用的鐵架

1 • 剝下高麗菜葉。將一個碗裝滿冷水和冰塊。把葉子放入一大鍋加了不少鹽的滾水中，若有必要可以分批放入。

2 • 等水再次滾沸，用打沫勺把葉子壓在水下，烹煮 3–4 分鐘。

3 • 用打沫勺撈出葉子，放入冰塊水中冰鎮。放在鐵架上瀝乾。

汆燙馬鈴薯

這個技巧可以在以其他方式（如煎炒）烹煮馬鈴薯之前，預煮它們並去除雜質。

食材
馬鈴薯

設備
打沫勺

1・ 清洗馬鈴薯並削皮，如果想要也可以把馬鈴薯修成紡錘狀（參見第 78 頁技巧）。放進一鍋冷水中。

大廚筆記

• 在煎炒、烘烤、燒烤或油炸馬鈴薯之前運用這個技巧，可以減少烹煮時間。

• 汆燙和速燙不同的地方在於，取出滾水後蔬菜沒有馬上放入冰塊水中冰鎮。

2・ 等水滾沸，烹煮幾分鐘，接著使用打沫勺撈出瀝乾。

英式滾燙

食材

四季豆或其他綠色蔬菜，根據種類進行前置處理
鹽

烹煮時間

約 5 分鐘

設備

打沫勺

1• 清洗四季豆並拗斷兩頭（參見第 49 頁技巧）。
放入一大鍋加鹽的滾水中，視豆子粗細滾煮
4–5 分鐘。

大廚筆記

這個快速烹煮的方法
可以保留蔬菜所有的風味和維生素。

2• 將一個碗裝滿冷水和冰塊。豆子煮到半熟時，
使用打沫勺瀝乾。

3 • 馬上放入冰塊水中幾秒鐘，這樣可防止豆子繼
續煮熟，並維持葉綠素帶來的翠綠色。

蒸燙

這是利用蒸氣的烹煮法,不需要油脂,也不會直接接觸水。

食材
蔬菜

烹煮時間
蒸鍋

1. 清洗蔬菜並削皮,視情況切小一點,或是完整保留。

2. 蒸鍋的下層裝水,蔬菜放入上層。

3. 蓋上蓋子,蒸煮到蔬菜完全軟化。

水煮

這個技巧可以濃縮食材的味道和顏色，並減少與烹煮液體的接觸。

食材

紅蘿蔔
鹽

烹煮時間

打沫勺

將紅蘿蔔放入一大鍋加鹽的滾水中，煮軟後使用打沫勺撈出。

燉燜

這個技巧適用於某些種類的蔬菜，像是萵苣、菊苣、茴香鱗莖和蕪菁等。蔬菜會放在鍋中，底部鋪上芳香蔬菜和香草，加入一些水或蔬菜高湯，接著蓋上蓋子放進烤箱緩慢烹煮。

食材
洋蔥、紅蘿蔔、蒜頭、百里香等風味十足的蔬菜和香草
奶油
迷你萵苣或其他萵苣
蔬菜高湯

烹煮時間
30 分鐘

1• 蔬菜清洗、削皮。將洋蔥和紅蘿蔔切片（參見第 61 頁技巧），放入可進烤箱的平底鍋跟一點奶油一起煎炒，但不要上色。

2• 放入萵苣、蒜頭和百里香。

3 • 倒入蔬菜高湯，覆蓋所有蔬菜。

4 • 剪一張跟鍋子直徑相同的圓形烘焙紙，中間剪一個洞，放在上方。

5 • 等水滾沸，蓋上蓋子，放進預熱到 180℃的烤箱烹煮 30 分鐘。

大廚筆記

你可以使用豬皮代替烘焙紙覆蓋蔬菜，
這樣蔬菜在烤箱裡不會乾掉，
同時也能為高湯增添額外的風味。

燒烤

食材

櫛瓜，或是甜椒或茄子等
其他蔬菜

橄欖油

鹽和現磨黑胡椒

設備

鑄鐵條紋烤肉盤

切片器

1• 將烤肉盤加熱到非常熱。倒入一些油，使用厚
厚一疊紙巾均勻抹在整個烤肉盤。烤肉盤在加
熱時，清洗櫛瓜，並使用切片器縱切成薄片。

2 • 用鹽和胡椒調味櫛瓜片，放在燒熱的烤肉盤上。再淋一些油，刷在整個櫛瓜片上，以均勻沾裹。

3 • 櫛瓜片翻面。你可以擺放成不同的角度，這樣烤肉盤條紋燒出的痕跡會形成漂亮的圖案。

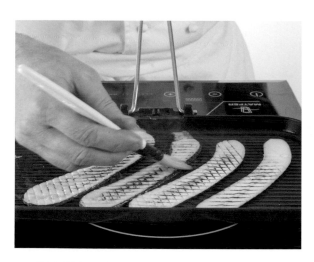

4 • 再次刷上一些油。

5 • 取出櫛瓜片，盛到盤子上。

炸洋蔥

食材
洋蔥
全脂或低脂牛奶
中筋麵粉
炸油
鹽和現磨黑胡椒

設備
油炸鍋和油炸籃
打沫勺

1• 剝除洋蔥外層，切成薄片，剝成一個個洋蔥圈。快速泡一下牛奶，再放進麵粉中沾裹均勻。炸油加熱到180℃。將洋蔥圈小心放進極燙的炸油中。

2• 油炸洋蔥圈，若有必要可以分批操作，否則一次放進太多洋蔥圈，會使炸油溫度下降。

3• 炸到金黃後，使用打沫勺撈出。

4 · 放在鋪有紙巾的盤子上，吸走多餘油脂。用鹽和胡椒調味。

裹麵包粉油炸

食材
馬鈴薯或其他蔬菜
麵粉
蛋液
很細的麵包粉
炸油

設備
油炸鍋和油炸籃
打沫勺

1. 清洗馬鈴薯並削皮,切成頗厚的片狀,放進麵粉中充分沾裹。

2・將沾裹麵粉的馬鈴薯片放進蛋液中沾裹。

3・最後，放進麵包粉滾動，使每一面都有沾裹。

4・炸油加熱到180℃。將切片小心放進極燙的炸油中，油炸到麵包粉外層變得金黃。

5・使用打沫勺撈出，放在鋪有紙巾的盤子上瀝乾。

裹天婦羅麵糊油炸

食材

氣泡水 3/4 杯又 2 大匙
（200 毫升）

蛋黃 1 顆

中筋麵粉 3/4 杯又 2 大
匙（110 公克）

紫蘇葉 6 大片（或是茄
子、菇類或甜椒等其他
蔬菜）

玉米粉 1/3 杯又 1 大匙
（60 公克）

花生油

鹽

設備

刷子

油炸鍋和油炸籃

打沫勺

1· 混合氣泡水、蛋黃和麵粉，形
成天婦羅麵糊。

2 • 用刷子在紫蘇葉上刷一點玉米粉，以吸收任何水氣，順利沾裹天婦羅麵糊。

3 • 將每片葉子放入天婦羅麵糊沾裹。

4 • 炸油加熱到 180℃。將裹好的葉子小心放進極燙的炸油中（若有必要可以分批操作）。油炸幾分鐘，直到麵糊膨起來為止。

5 • 使用打沫勺撈出，放在鋪有紙巾的盤子上瀝乾。用鹽調味。

油封蔬菜

食材
未去皮的蒜瓣
番茄
未去皮的紅蔥頭
百里香和迷迭香等香草
橄欖油

將蒜頭、番茄和紅蔥頭放在不同的鍋子中,倒入橄欖油覆蓋。放入香草,小火滾煮到蔬菜熟軟。

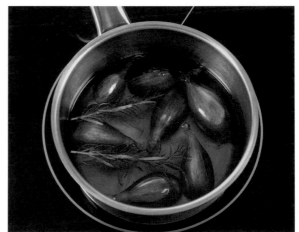

烘烤

食材
清洗乾淨的紅蘿蔔、
馬鈴薯、南瓜、洋蔥、
蒜頭、紅蔥頭等蔬菜
百里香和迷迭香等香
草
橄欖油
鹽和現磨黑胡椒

烹煮時間
30 分鐘

設備
不沾烤盤

1 • 根據蔬菜的大小，把它們切成對半或厚片，鋪在烤盤上，
淋上橄欖油，塞入香草。

2 • 放進預熱到 180℃的烤箱烘烤 30 分鐘，中途將蔬菜翻面，
直到烤熟為止。用鹽和胡椒調味。

食譜
RECIPES

果實類

番茄草莓冷湯
Eau de tomate et fraise

10 人份	食材
活躍時間 30 分鐘	**番茄水** 番茄 2.5 公斤
過篩時間 1 夜，外加 30 分鐘	**草莓汁** 草莓 2 公斤 糖適量
烹煮時間 10–30 分鐘	**裝飾** 珍珠粉圓 30 公克 去皮杏仁 20 顆
冷藏時間 30 分鐘	各色原種祖傳番茄 10 顆 草莓 20 顆 奧勒岡油
設備 果汁機 大細目篩網	香葉芹數小根 茴香葉數小根 茴香花 1 把

製作番茄水

前一天，先清洗番茄並去皮（參見第 41 頁技巧），接著攪打成泥。在大篩網上鋪一條乾淨微濕的布，接著放在一個大碗上方。倒入番茄泥，放進冰箱過篩一晚。

製作草莓汁

清洗草莓，切掉蒂頭。將草莓縱切對半，放入大碗，稍微灑一些糖，接著用保鮮膜包起來。把碗放在微滾的一鍋水上方，讓草莓至少出水 30 分鐘。過篩到另一個碗，過篩時不要太過用力擠壓草莓。

製作番茄草莓冷湯

將番茄水和草莓汁混合，留下一些草莓汁，冷藏至少 30 分鐘。

裝飾

按照包裝指示在一鍋滾水中烹煮珍珠粉圓。瀝乾，沖冷水，倒進保留的草莓汁。將每顆杏仁縱切成兩到三片。

上菜

原種祖傳番茄去皮（參見第 41 頁技巧），接著切成四份或瓣狀。草莓切半或切成四份。在每一個碗裡淋上適量的奧勒岡油，覆蓋碗底，接著均分放入番茄、草莓和其他裝飾食材。把番茄草莓冷湯倒入一個罐子，在上菜前倒入碗中。

番茄沙拉、蜂蜜淋醬和歐當歸雪酪

Salade de tomates, vinaigrette au miel, sorbet livèche et huile d'olive

6 人份

活躍時間
1 小時

烹煮時間
20 分鐘

冷凍時間
24 小時

烘乾時間
12 小時

冷藏時間
2 小時

設備
冰淇淋機
均質機
細目篩網
奶油發泡器和 2 顆氣彈

食材

歐當歸冰淇淋
全脂牛奶 1 又 2/3 杯（400 毫升）
糖 2.5 大匙（30 公克）
鹽之花 1/2 小匙（2 公克）
穩定劑 3 公克（非必要）
歐當歸葉 50 公克
上等橄欖油近 1/3 杯（70 毫升）

黑橄欖仿土
去籽黑橄欖 180 公克
多穀蘇打餅 2 片，如 Wasa 薄脆麵包餅乾

蜂蜜淋醬
橄欖油 2/3 杯（150 毫升）
葡萄籽油 1/3 杯（75 毫升）
Savora 或第戎芥末醬 1/2 大匙
蜂蜜 1.5 大匙（30 公克）

番茄沙拉
鳳梨番茄 3 顆
黑克里米亞番茄 3 顆
綠條紋番茄 3 顆
牛排番茄 3 顆
鹽之花
艾斯佩雷辣椒粉

莫札瑞拉奶泡
全脂牛奶 1 杯（250 毫升）
鮮奶油 3/4 杯（200 毫升），至少 35% 脂肪
水牛莫札瑞拉乳酪 150 公克
鹽和現磨黑胡椒

裝飾
京水菜些許
艾斯佩雷辣椒粉
鹽之花

製作歐當歸冰淇淋

將牛奶、糖、鹽之花和穩定劑（若有使用）放入厚底鍋，以中大火煮沸。放涼，接著跟歐當歸葉攪打混合。過篩倒入冰淇淋機的內缸。倒入橄欖油，混合均勻，按照產品說明製冰。放進冷凍庫備用。

製作黑橄欖仿土

烤箱預熱到 80℃。烤盤上鋪一張烘焙紙，在上面攤開黑橄欖。放進烤箱烘乾 12 個小時。放涼，使用均質機跟餅乾一起打成沙土狀。

製作蜂蜜淋醬

所有食材放入鋼盆使用打蛋器混合均勻。

製作番茄沙拉

番茄去皮（參見第 41 頁技巧），接著切成你要的形狀。鋪在一個盤子上，淋上淋醬，用鹽之花和艾斯佩雷辣椒粉調味。放進冰箱醃製入味，期間開始製作奶泡。

製作莫札瑞拉奶泡

將牛奶和鮮奶油放入厚底鍋，以中火煮沸。莫札瑞拉乳酪切塊，放入鍋中攪拌到融化。使用均質機打得滑順均勻，用鹽和胡椒調味，接著過篩。倒入奶油發泡器，裝上氣彈。冷藏至少 2 小時再使用。

上菜

在每一個盤子上鋪一層黑橄欖仿土，番茄優美地擺放在上面。使用發泡器在番茄之間擠出小小的莫札瑞拉奶泡，放上一球歐當歸冰淇淋。用京水菜裝飾，灑上艾斯佩雷辣椒粉，最後灑上一點鹽之花。

番茄西班牙冷湯

Gaspacho de tomates

6 人份

活躍時間
2 小時

冷藏時間
1 小時

烘乾時間
20 分鐘

烹煮時間
10 分鐘

設備
果汁機
細目篩網
矽膠烘焙墊

食材

西班牙冷湯
蒜頭 3 瓣
紫洋蔥 2 顆
黃甜椒 1 顆
紅甜椒 1 顆
Torino 或其他風味十足的小番茄品種 12 顆
未切吐司 200 公克
番茄糊 2 小匙（10 公克）
雪莉醋近 1/2 杯（100 毫升）
果香橄欖油逾 3/4 杯（200 毫升），分成兩份
鹽之花
現磨黑胡椒

番茄乾
番茄 3 顆
橄欖油 4 小匙（20 毫升）
鹽之花和現磨黑胡椒

烤吐司片
未切吐司 1 條
艾斯佩雷辣椒粉
細海鹽
橄欖油 4 小匙（20 毫升）

洋蔥乾
洋蔥 1 顆
糖粉

裝飾
蔥 1 把
煙燻紅椒粉

製作西班牙冷湯

清洗所有的蔬菜。蒜頭和洋蔥剝皮，甜椒去皮（參見第 43 頁技巧）。將半顆紅黃甜椒切小丁（參見第 60 頁技巧）備用，剩下半顆紅黃甜椒切大丁。將一顆紫洋蔥縱切對半，其中半顆切成六塊備用。其餘的紫洋蔥切末（參見第 56 頁技巧），番茄切大塊，蒜頭切末。吐司切大丁。未留著備用的甜椒和洋蔥跟番茄、蒜頭和吐司一起放入大型鋼盆，跟番茄糊、醋和 2/3 杯（150 毫升）橄欖油混合均勻。用鹽和胡椒調味，冷藏至少 1 小時。攪打滑順，以細目篩網過篩，用力壓出越多汁液越好。用鹽和胡椒調味，使用打蛋器拌入剩下的 3 大匙（50 毫升）橄欖油。

製作番茄乾

烤箱預熱到 80℃。烤盤上鋪一張矽膠烘焙墊或烘焙紙。番茄切成 12 片 2 公釐厚的薄片。用鹽和胡椒調味，淋上橄欖油。放進烤箱烘脆（約 10 分鐘）。

製作烤吐司片

烤箱溫度上升到 150℃。在兩個烤盤上鋪烘焙紙。用鋸齒刀切出 12 片非常薄的吐司片，用艾斯佩雷辣椒粉和鹽調味，刷上橄欖油。吐司片放在烤盤上，覆蓋另一張烘焙紙，烘烤約 10 分鐘，直到變得金黃。

製作洋蔥乾

烤箱溫度下降到 50℃。洋蔥剝皮，切成 2 公釐厚的薄片。洋蔥片攤在矽膠烘焙墊或鋪有烘焙紙的烤盤上，灑上薄薄一層糖粉，放進烤箱烘乾（約 10 分鐘），直到變得淺褐。

準備裝飾

蔥切成薄薄的斜片（參見第 64 頁技巧）。

上菜

將切小丁的甜椒和切六塊的洋蔥均分放到六個玻璃杯或碗裡，倒入西班牙冷湯，用蔥花裝飾。灑上煙燻紅椒粉，擺上番茄乾、洋蔥乾和烤吐司片。

煙燻茄子西班牙冷湯

Gaspacho d'aubergine fumée

6 人份

活躍時間
45 分鐘

烹煮時間
30 分鐘

冷藏時間
1 小時

設備
噴槍
均質機
直徑 2 公分的餅乾圓模

食材

西班牙冷湯
茄子 1 公斤
馬鈴薯 200 公克
蒜頭 1 瓣
蔬菜高湯近 2.5 杯（600 毫升）
鮮奶油近 1/2 杯（100 毫升），至少 35% 脂肪
橄欖油 3 大匙（50 毫升）
孜然粉 1/2 小匙（1 公克）
艾斯佩雷辣椒粉
細海鹽

瑞可塔乳酪
瑞可塔乳酪 100 公克
橄欖油
鹽和現磨黑胡椒

裝飾
黃番茄 2 顆
紅番茄 2 顆
紫珍珠洋蔥 4 顆
白茄子 600 公克
吐司 2 片
蒜頭 1 瓣，不去皮
澄清奶油 2 又 1/4 小匙（10 公克），煎炒用
羅勒苗 20 公克
未灑藥的金蓮葉 12 片
蒜花 12 朵
橄欖油，最後淋一點

製作西班牙冷湯

清洗茄子。用噴槍非常小心地灼燒茄子的整個外皮（參見第 46 頁技巧）。放涼到不燙手，接著撕下外皮，把果肉挖到碗裡——你應該可以得到約 600 公克的茄子果肉。清洗馬鈴薯並削皮，接著切塊。蒜頭剝皮。將蔬菜高湯放入平底鍋，以大火煮沸，放入馬鈴薯和蒜頭煮軟。跟茄子一起攪打，期間慢慢倒入鮮奶油。拌入橄欖油，用孜然、艾斯佩雷辣椒粉和鹽調味。放進冰箱等待湯充分冰涼。

製作瑞可塔乳酪

用打蛋器將瑞可塔乳酪跟一點橄欖油打到滑順。用鹽和胡椒調味。

準備裝飾

番茄去皮（參見第 41 頁技巧）。如果很大顆，可以切成四份，否則就完整保留。剝除紫洋蔥外層，縱切對半，切成厚片。烤箱預熱到 220℃，將白茄子放在烤盤上（比較大的縱切對半），烘烤 15 分鐘。切塊。用餅乾圓模把吐司片壓成圓片，跟未去皮的蒜瓣和澄清奶油一起放在煎鍋中，以中火煎得金黃酥脆。放在紙巾上瀝乾。

上菜

將裝飾食材和瑞可塔乳酪在每一個盤子的三分之二處排成一排，擺放密集一點，不要讓冷湯流出。擺放羅勒苗、金蓮葉和蒜花。上菜前，將冷湯倒入盤子上較大的那塊空間。

煎櫛瓜佐菲達乳酪奶泡

Courgettes vertes poêlées avec chantilly de feta

6 人份

活躍時間
40 分鐘

烘乾時間
1 小時

烹煮時間
1 小時

設備
矽膠烘焙墊
研杵研缽或食物調理機
手持式攪拌機
擠花袋和鋸齒花嘴
葉子圖案的矽膠烘焙墊

食材

巴西利粉
平葉巴西利 1 把

煎櫛瓜
迷你櫛瓜 12 條
櫛瓜花 12 朵
橄欖油近 1/2 杯（100毫升）
鹽和現磨黑胡椒

菲達乳酪奶泡
菲達乳酪 150 公克
鮮奶油 3/4 杯（200 毫升），至少 35% 脂肪

蕾絲番茄葉
中筋麵粉 1/2 杯減 1 大匙（50 公克）
蛋白近 1/4 杯（50 公克，約 1.5 顆蛋的蛋白）
融化奶油 3 大匙又 1 小匙（50 公克）
番茄糊 50 公克
巴西利粉 10 公克（參見前文）
艾斯佩雷辣椒粉

迷你麵包丁
未切吐司 100 公克
煎油

上菜
Banyuls 醋或雪莉醋 3 大匙（50 毫升）
巴西利粉（參見前文），最後灑一點
橄欖油些許
芳香萬壽菊花朵
金蓮葉

製作巴西利粉

摘下一片片的巴西利葉，清洗乾淨，鋪在矽膠烘焙墊上。烤箱預熱到 50℃，巴西利葉放進烤箱烘乾 1 小時。巴西利葉完全乾燥後，用研杵研缽或食物調理機研磨成粉。

製作煎櫛瓜

迷你櫛瓜去頭去尾，以英式滾燙法燙軟（參見第 90 頁技巧）。放涼、瀝乾，縱切對半。烤箱預熱到 50℃。清洗櫛瓜花，輕輕拍乾。放在烤盤上，刷一點油，用鹽調味，烘烤 20 分鐘。

製作菲達乳酪奶泡

壓碎菲達乳酪，跟鮮奶油一起放入小型厚底鍋，以中小火融化。放涼、冷藏，接著打到濕性發泡。放入裝有鋸齒花嘴的擠花袋，放進冰箱備用。

製作蕾絲番茄葉

烤箱預熱到 160℃，在烤盤上鋪葉子圖案的矽膠烘焙墊。混合所有食材，鋪在烤盤上。烘烤 6 分鐘，使其金黃酥脆。在烘焙墊上放涼到變硬、可以取下，接著移到鐵架上完全放涼。

製作迷你麵包丁

將吐司切成 2 公釐的小丁，放入煎鍋，加一點油以中大火煎到金黃。放在紙巾上瀝乾，用鹽調味。

上菜

醋倒入小型湯鍋，煮到濃稠。在每一個盤子上灑一些巴西利粉，櫛瓜優美地擺放在上面，滴幾滴橄欖油和濃縮醋。將菲達乳酪奶泡擠到櫛瓜上，用芳香萬壽菊的花朵、金蓮葉、櫛瓜花、蕾絲番茄葉和迷你麵包丁裝飾。

山羊乳酪黃瓜慕斯

Mousse de chèvre et concombre

6 人份

活躍時間
1 小時

冷卻時間
30 分鐘

冷藏時間
2.5 小時

烹煮時間
30 分鐘

冷凍時間
1.5 小時

設備
切片器
直徑 6 公分、高度 2 公分的矽膠圓模 6 個
榨汁機
均質機
直徑 5 公分的餅乾圓模

食材

醃波斯小黃瓜
波斯小黃瓜 2 條
白酒 2/3 杯（150 毫升）
白巴薩米克醋 1/2 杯（125 毫升）
糖 1/4 杯（50 公克）
蜂蜜 3.5 大匙（75 公克）
香菜籽 1 小匙

生黃瓜
小黃瓜 1/2 條
薄荷葉 5 片
橄欖油 2 大匙
鹽和現磨黑胡椒

山羊乳酪慕斯
金級吉利丁片 3 片（6 公克）
鮮奶油 3/4 杯（200 公克），至少 35% 脂肪
風味十足的綿密山羊乳酪 300 公克
鹽和現磨黑胡椒

黃瓜凍
吉利丁片 1 又 3/4 片（3.5 公克）
小黃瓜 2 條
薄荷葉 10 片
洋菜粉 3/4 小匙（1.25 公克）
希臘茴香酒 1 大匙又 2 小匙（25 毫升）
細海鹽近 1/2 小匙（2 公克）

小黃瓜蘋果淋醬
小黃瓜 250 公克
青蘋果 250 公克
柚子汁近 1/3 杯（70 毫升）
細海鹽 1 撮
黃原膠 2 公克

上菜
食用金粉
京水菜 12 片
青蘋果 1 顆，削皮後切成棒狀
波斯小黃瓜 1 條

製作醃波斯小黃瓜

使用切片器將小黃瓜縱切成 1 公釐厚的薄片。將酒、醋、糖和蜂蜜放入小型湯鍋，以中火煮沸。放入香菜籽，離火，放涼約 30 分鐘到常溫。倒在小黃瓜切片上，冷藏 2 小時。

製作生黃瓜

小黃瓜削皮，縱切對半，挖籽，切小丁（參見第 60 頁技巧）。薄荷葉切絲（參見第 58 頁技巧），跟小黃瓜丁混合，用橄欖油、鹽和胡椒調味。

製作山羊乳酪慕斯

吉利丁片泡在冷水中軟化。鮮奶油放入厚底鍋煮沸。用叉子大致壓碎乳酪，拌入鮮奶油。擠出吉利丁片的水分，拌入鮮奶油到滑順為止。用鹽和胡椒調味，倒進矽膠圓模到一半的高度。放一點生黃瓜進去，再倒完剩下的慕斯。冷凍 1.5 小時凝固。慕斯脫模，移到冰箱解凍。

製作黃瓜凍

吉利丁片泡在冷水中軟化。小黃瓜跟薄荷葉一起榨汁。秤 250 公克的汁液，拌入洋菜粉。倒入中型湯鍋，以中大火煮沸。滾沸 2 分鐘後，離火。擠出吉利丁片的水分，拌入汁液到融化為止。拌入茴香酒和鹽。在有邊大烤盤上倒一層非常薄的果凍（約 1 公釐），冷藏凝固。用餅乾圓模壓出 6 片黃瓜凍，放在山羊乳酪慕斯上面。

製作小黃瓜蘋果淋醬

小黃瓜和蘋果榨汁，拌入柚子汁和鹽。使用均質機拌入黃原膠。放進冰箱備用。

上菜

把一個山羊乳酪慕斯放在每一個盤子上，或在一個盤子上放好幾個，一起分享。在黃瓜凍上灑一些金粉。將醃波斯小黃瓜片瀝乾，捲起來擺在慕斯周圍。加幾滴小黃瓜蘋果淋醬，使用京水菜、青蘋果棒和花朵造型的小黃瓜裝飾。

迷你甜椒鑲燉菜佐大理石淋醬和蒸蝦

Mini poivrons à la piperade, glacis bicolore et gambas

4 人份

活躍時間
45 分鐘

烹煮時間
45 分鐘

設備
果汁機
細目篩網
竹籤

食材

迷你甜椒
迷你黃甜椒 4 顆
迷你紅甜椒 4 顆

巴斯克式甜椒燉菜
黃甜椒 200 公克
紅甜椒 200 公克
紫洋蔥 70 公克
蒜頭 2 瓣
橄欖油 3 大匙（50 毫升）
百里香 2 枝
火腿 85 公克

大理石淋醬
黃甜椒 700 公克
紅甜椒 700 公克

蒸蝦
特大蝦 4 隻

製作迷你甜椒

清洗甜椒，切掉帶有蒂頭的頂部。挖出籽，小心不要弄破甜椒。備用。

製作甜椒燉菜

清洗甜椒並去皮去籽和切末。剝除洋蔥外層，切成 3 公釐的切片（參見第 55 頁技巧）。蒜頭去皮、切末。以中小火加熱煎鍋裡的橄欖油，翻炒洋蔥。放入甜椒、蒜頭和百里香。蓋上蓋子，溫和烹煮 30 分鐘，直到食材變得非常軟。烹煮甜椒的同時，將火腿切丁，最後 1 分鐘再拌入燉菜中。離火放涼。烤箱預熱到 180℃。將甜椒燉菜舀進迷你甜椒，放回甜椒的蓋子，放在烤盤上烘烤約 10 分鐘。

製作大理石淋醬

清洗甜椒，去蒂去籽，大略切碎。不同顏色的甜椒分開攪打，接著使用細目篩網過篩，接住所有汁液。在不同的湯鍋中，以小火將不同顏色的甜椒汁煮到濃稠。備用。

製作蒸蝦

摘除蝦頭，清洗後放進冰箱備用。剝掉蝦殼，只留下蝦尾的殼。在每隻蝦的蝦背劃淺淺一刀，挑出黑線（腸泥）。用竹籤插進整隻蝦，使其形狀固定，不會捲曲。放進 90℃的蒸烤箱或蒸鍋中烹煮 4 分鐘。

上菜

蝦子刷上紅色淋醬。用小湯匙在每一個盤子上交替淋上紅色和黃色淋醬。把一個紅色迷你甜椒和一個黃色迷你甜椒放在盤子的一邊，另一邊擺放蝦子。在兩個甜椒之間擺放蝦頭。

酪梨藜麥吐司佐柚子凍

Avocado toast

6 人份

活躍時間
1 小時

冷卻時間
30 分鐘

冷凍時間
至少 3 小時

冷藏時間
15 分鐘

烹煮時間
40 分鐘

設備
冰淇淋機
均質機
矽膠烘焙墊 2 個
大型滴管或中型醬料瓶
挖球器
烤肉盤

食材

酪梨雪酪
水 1 又 1/4 杯（300 毫升）
糖 3.5 大匙（40 公克）
穩定劑 2.5 公克（非必要）
葡萄糖粉 40 公克
酪梨 2 顆
2 顆檸檬的汁
細海鹽 1 大撮

藜麥餅乾
水 2 杯（500 毫升）
藜麥 200 公克
蛋白近 1/2 杯（100 公克，約 3 顆蛋的蛋白）
孜然粉 1/2 小匙（1.5 公克）
橄欖油 1 又 1/4 杯（300 毫升）
細海鹽

柚子凍
水 1/2 杯（125 毫升）
柚子汁 1/2 杯（125 毫升）
糖 3 大匙（35 公克）
洋菜粉 2 小匙（4 公克）

酪梨泥
紫洋蔥 1/2 顆
新鮮紅辣椒 1/4 根
酪梨 4 顆
1/2 顆檸檬的汁
橄欖油 2 大匙（30 毫升）
細海鹽和現磨黑胡椒

裝飾
1/2 顆檸檬的汁
酪梨 2 顆
香菜 1 小把
紫洋蔥數片
紅辣椒數片
艾斯佩雷辣椒粉

製作酪梨雪酪

將水、糖、穩定劑（若有使用）和葡萄糖粉放入小型湯鍋煮沸。離火，放涼 30 分鐘。酪梨切半、去核、去皮，果肉切丁，放進碗中跟檸檬汁混合。倒入放涼的糖漿，拌入鹽，移到冰淇淋機。按照產品說明製冰，冷凍至少 3 小時。

製作藜麥餅乾

將水放入鍋中煮沸，加一點鹽，按照包裝指示烹煮藜麥。瀝乾後，使用均質機跟蛋白和孜然粉一起打成麵團。烤箱預熱到 190℃。在兩張矽膠烘焙墊之間將麵團擀成薄片（約 3–4 公釐厚），撕開上面的烘焙墊，烘烤 30 分鐘。在鐵架上放涼，接著掰成大塊。以中大火加熱大型煎鍋裡的橄欖油，將餅乾煎到酥脆。放在紙巾上瀝乾，接著灑上鹽。

製作柚子凍

將水和柚子汁放入小型湯鍋煮沸。拌入糖和洋菜粉，再次煮沸。滾沸約 1 分鐘，接著放涼。使用均質機攪打，確保質地非常滑順，接著移到滴管或醬料瓶。冷藏備用。

製作酪梨泥

剝除紫洋蔥外層，切末（參見第 56 頁技巧）。清洗辣椒，去籽，切末。酪梨切半、去核、去皮，用叉子壓碎果肉。拌入檸檬汁、紫洋蔥和辣椒。用鹽和胡椒調味，拌入剛剛好的橄欖油，使酪梨泥滑順但不過於流動。盛到碗中，用保鮮膜貼面，放進冰箱備用。

準備裝飾

使用挖球器挖出 18 球酪梨泥，其餘留著。酪梨球淋上檸檬汁，以免變色。酪梨切半、去核、去皮，果肉縱切成 6 片 2 公分厚的切片。將烤肉盤加熱到高溫，快速炙燒酪梨片讓兩面都有燒痕。

上菜

把剩餘的酪梨泥抹在藜麥餅乾上，將酪梨球優美地擺在上面。放一片炙燒酪梨、一球酪梨雪酪、幾片香菜、紫洋蔥和辣椒片，灑上一點艾斯佩雷辣椒粉。最後，擠出幾顆柚子凍。

泰式豬肉紅咖哩

Pâte de curry thaï pour "porc qui pique"

10 人份

活躍時間
30 分鐘

烹煮時間
30 分鐘

設備
中式炒鍋
研杵研缽
食物調理機

食材

泰式紅咖哩醬
紅蔥頭 4 顆
蒜頭 4 瓣
薑 100 公克
香茅 200 公克
香菜根或泰國香菜梗
100 公克
香菜籽 1 大匙
孜然籽 1 小匙
白胡椒粒 20 顆
紅鳥眼辣椒 7 根
紅辣椒 10 根
馬蜂橙皮末 2 小匙

豬肉茄子
去骨瘦豬肉 800 公克
紅辣椒 4 大根
茄子 2 條
迷你茄子 25 條
泰國茄子 50 顆
葵花油 8 大匙（120 毫升），分成兩份
泰式紅咖哩醬 4 小匙
（20 毫升，參見前文）
椰奶 1 又 2/3 杯（400
毫升）
馬蜂橙葉 2 片（非必要）
棕櫚糖 4 小匙（20 公克）
醬油 6 大匙（90 毫升）
新鮮綠胡椒粒

上菜
香菜葉（非必要）
泰國香米（非必要）

製作泰式紅咖哩醬

剝除紅蔥頭外層並切末（參見第 56 頁技巧）。蒜頭去皮、去芽、切末。薑削皮、磨泥。香茅和香菜切末（參見第 56 頁技巧）。中式炒鍋不加任何油，以大火乾炒香菜籽、孜然籽和白胡椒粒 3 分鐘左右，使其釋放香氣；偶爾晃動炒鍋，讓香料動一動，小心不要燒焦。使用研杵研缽將炒好的完整香料磨成粉。使用食物調理機（或研杵研缽）把其他食材打在一起，變成糊狀，接著加入炒過磨碎的香料。

製作豬肉茄子

豬肉切成 5 公分的條狀。紅辣椒縱切對半，去籽，切成 3 公釐乘 3 公分的圓圈。清洗所有的茄子。將一般茄子切成 5 公分的條狀、迷你茄子剖半，泰國茄子完整保留。在中式炒鍋中倒入一半的油，以大火翻炒所有茄子。瀝乾，轉小火，倒入剩下的油，翻炒紅咖哩醬 30–45 秒鐘。放入豬肉，大火翻炒到肉條褐化。依你的口味放入適量綠胡椒粒，轉中火，拌入椰奶和馬蜂橙葉（若有使用）。將炒好的茄子放回鍋中，放入辣椒圈拌勻。拌入棕櫚糖和醬油，滾沸到醬汁收乾一些。離火。

上菜

想要的話，可以在上菜前灑一些香菜葉，跟蒸好的泰國香米一起食用。

葉菜類和沙拉用生菜

蜂蜜杏仁菠菜摩洛哥雞肉餡餅

Pastilla de volaille au miel, amandes et épinard

6 人份

活躍時間
1 小時

烹煮時間
45 分鐘

設備
食物調理機
直徑 20–22 公分的蛋糕
圓模
長鐵叉

食材

澄清奶油
無鹽奶油 1 又 3/4 條
（200 公克）

內餡
洋蔥 2 顆
雞胸肉 4 片
蜂蜜 2 大匙（50 公克）
肉桂粉 1/2 小匙
1 顆柳橙的皮末
炒過的杏仁片 1 杯（100
公克）
鹽和現磨黑胡椒

菠菜
蒜頭 1 瓣
菠菜嫩葉 600 公克
橄欖油
鹽和現磨黑胡椒

醬汁
蜂蜜 1.5 大匙（40 公克）
雪莉醋 4 小匙（20 公克）
4 顆柳橙的汁
無鹽奶油 4 大匙（60
公克），切丁放在常溫

組合
突尼西亞酥皮麵團 8 張
全熟水煮蛋 2 顆
糖粉
綠捲鬚萵苣或其他微苦
的葉菜類 125 公克
菠菜嫩葉 125 公克
薄荷葉 12 小片
炒過的整顆杏仁 1 把

製作澄清奶油

將奶油放入厚底鍋，以小火融化。撈掉白沫，將清澈的黃色奶油層倒入罐子裡，不要倒入底部的乳白殘渣。

製作內餡

剝除洋蔥外層並切片（參見第 55 頁技巧）。雞胸肉切成細條。將蜂蜜放入大型湯鍋，以小火加熱到冒泡。放入洋蔥，煮到洋蔥的水分蒸發。拌入雞肉，轉中火，一邊烹煮一邊攪拌，直到水分完全蒸發。移到食物調理機，放入肉桂、柳橙皮末和杏仁，攪打滑順。用鹽和胡椒調味。

製作菠菜

蒜頭去皮壓碎，清洗菠菜。將菠菜和蒜頭放入大型煎鍋，加一點橄欖油以中火炒軟。用鹽和胡椒調味。

組合摩洛哥餡餅

烤箱預熱到 200℃。蛋糕模底部鋪上烘焙紙。將 6 張突尼西亞酥皮麵團刷上澄清奶油，一張一張放進模具中，排成玫瑰花窗圖樣，多出來的部分垂在模具邊緣。放入一半內餡，再將一張麵團刷上澄清奶油，覆蓋在內餡上。將一半的菠菜鋪在上面。水煮蛋剝殼切片，排在上面，鋪上剩下的菠菜。將最後一張麵團刷上澄清奶油，覆蓋在菠菜上，放入剩下的雞肉餡。把垂在外面的麵團往內折，蓋住內餡。烘烤 15 分鐘或直到金黃酥脆為止。

製作醬汁

烘烤餡餅的同時，將蜂蜜放入小型湯鍋，以小火加熱到焦糖化。嗆入雪莉醋，使其蒸發，讓醬汁變得微苦。拌入柳橙汁，汁液收到濃稠，最後拌入奶油。

上菜

將摩洛哥餡餅脫模放到盤子上，灑上糖粉。戴上烤箱手套保護一隻手，將長鐵叉用火燒到紅通通的，小心在餡餅表面燒出網格圖案。跟綠捲鬚萵苣、菠菜嫩葉和薄荷葉組成的沙拉一起上菜，灑上炒過的杏仁，搭配醬汁食用。

大廚筆記

如果不想灑上糖粉、燒出網格圖案，
也可以改灑一些肉桂粉。

菊苣火腿舒芙蕾

Soufflé aux endives et jambon

6 人份

活躍時間
1 小時

冷藏時間
30 分鐘

烹煮時間
1 小時

設備
直徑 16 公分、高度 10
公分的舒芙蕾烤模
熱水浴（水浴法／隔水
加熱）
溫度計
手持式攪拌機

食材

菊苣
菊苣 1 公斤
1 顆檸檬的汁
鹽和現磨黑胡椒

舒芙蕾麵糊
融化奶油 2 大匙（30
毫升）
無鹽奶油 1 條（120 公克）
中筋麵粉 1 杯（120 公克）
全脂或低脂牛奶 4 杯（1
公升）
蛋 8 顆
細鹽 1 大匙（15 公克）
康堤乳酪絲或其他風味
十足的硬質乳酪絲 50
公克
火腿丁 80 公克

組合
康堤乳酪或其他風味十
足的硬質乳酪 50 公克
火腿片 50 公克
猶太鹽

製作菊苣

剝除菊苣外層損壞的葉片，切掉根部，將菊苣縱切對半。移除菊苣心，切細絲，跟檸檬汁和 2 大匙的水一起放入湯鍋，蓋上蓋子，以小火煮軟。調味。

製作舒芙蕾麵糊

用一些融化奶油刷舒芙蕾烤模的底部和側邊，側邊的部分由下往上刷。冷藏 30 分鐘使奶油凝固，接著再刷一層奶油。將 1 條奶油（120 公克）放入中型湯鍋，以小火融化，用木匙拌入麵粉，形成白色麵糊。離火，放涼到常溫。將牛奶放入大型湯鍋中，以中大火煮沸。同一時間，分離蛋白和蛋黃。將牛奶慢慢倒入白色麵糊，攪拌滑順。加鹽，以中火加熱。烹煮約 3 分鐘，期間不斷攪拌，使其形成滑順濃稠的牛奶白醬。離火，一次拌入一顆蛋黃。用保鮮膜貼著醬汁表面，以免薄膜形成，接著放進 63℃的熱水浴備用。用手持式攪拌機將蛋白打到濕性發泡。將白醬從熱水浴取出，拌入一點打發蛋白，使其稍微軟化。拌入乳酪絲、菊苣和火腿丁，輕輕拌入剩下的蛋白，混合均勻。放回爐子上，加熱幾分鐘。

組合舒芙蕾

將火腿和乳酪切成三個 1.5 公分乘 2.5 公分的菱形。將舒芙蕾麵糊倒入烤模，只留下 1 公分的高度。在舒芙蕾麵糊上方將菱形的火腿和乳酪交替排成一圈。在一個可進烤箱的大平底鍋鋪一層猶太鹽，將烤模放在上面。烤箱預熱到 200℃。將平底鍋以中火加熱 15 分鐘，連同舒芙蕾烤模一起移到烤箱烘烤約 20 分鐘，使其變得膨脹金褐。趁熱上菜。

鮭魚佐酸模醬

Saumon à l'oseille

6 人份

活躍時間
1 小時

浸泡時間
10 分鐘

烹煮時間
10 分鐘

設備
去魚刺夾

食材

鮭魚
鮭魚菲力 900 公克
水 4 杯（1 公升）
細海鹽 30 公克
糖 2 小匙（10 公克）

酸模醬
酸模 2 把
無鹽奶油 7 大匙（100
公克）
鮮奶油 2 杯（500 毫升），
至少 35% 脂肪
鮭魚卵 50 公克
鹽和現磨黑胡椒

上菜
食用小花
紅脈酸模葉

製作鮭魚

用夾子移除鮭魚小刺，切成 6 塊 150 公克的魚排。將鮭魚菲力平鋪在大盤子上，把水跟鹽和糖混合在一起，形成滷水，倒在鮭魚上，醃漬 10 分鐘，接著瀝乾。將鮭魚菲力放進不沾鍋，以中火烹煮 4–5 分鐘，中間翻面一次。魚肉應變得容易分開，但中心還是透明的。

製作酸模醬

清洗、拍乾酸模葉。將奶油放入煎鍋，以中火融化，放進酸模葉煮軟。拌入鮮奶油和鮭魚卵，用鹽和胡椒調味。

上菜

將酸模醬舀進六個深盤中，每一個盤子的中央放一片鮭魚。使用食用小花和紅脈酸模葉裝飾。

葉用甜菜干貝綠咖哩

Curry vert de blettes et noix de Saint-Jacques

6 人份

活躍時間
1.5 小時

浸泡時間
20 分鐘

烹煮時間
30 分鐘

設備
研杵研缽
拋棄式料理手套
細目篩網
均質機

食材

綠咖哩醬
炒過的香菜籽 1 大匙
白胡椒粒 10 顆
孜然籽 1 大匙
薑黃粉 1 小匙
新鮮綠鳥眼辣椒 10 根
新鮮青辣椒 7 大根
南薑 6 公克
泰國紅蔥頭 15 公克
蒜頭 20 公克
香茅 6 公克
1 把香菜的梗
鹽 1 大匙（15 公克）
1 顆馬蜂橙的皮末
蝦醬 1 大匙

綠咖哩汁
椰漿 2 杯（500 毫升），
分成兩份
綠咖哩醬 40 公克（參
見前文）
魚露 1–2 大匙（15–30 毫
升）
棕櫚糖 1 大匙（15 公克）
打拋葉 6 公克
馬蜂橙葉 1 片
葉用甜菜 5 片

葉用甜菜
葉用甜菜 1 把
蒜頭 1 瓣
橄欖油 3 大匙（50 毫升）
白色雞高湯 2 杯（500
毫升）
百里香 1 枝
奶油 2 大匙（30 公克）

上菜
橄欖油 2 大匙（30 毫升）
連同生殖腺部位的干貝
18 顆
紅鳥眼辣椒 1 根，切細
打拋葉 1/4 把
新鮮椰肉 18 片

製作綠咖哩醬

使用研杵和研缽將香菜籽、胡椒粒、孜然籽跟薑黃粉一起磨碎。戴上拋棄式手套保護雙手，清洗兩種辣椒，將之剖半去籽。將辣椒切末，使用研杵研缽搗成泥。南薑、泰國紅蔥頭和蒜頭去皮，跟香茅和香菜梗一起切末。慢慢放入研缽，跟鹽一起搗成泥。最後，放入馬蜂橙皮末和蝦醬，把所有食材搗成滑順的醬。

製作綠咖哩汁

將一半的椰漿放入湯鍋，以中大火煮沸。轉小火，拌入綠咖哩醬。微滾 5 分鐘，慢慢倒入剩下的椰漿，再微滾 15 分鐘。拌入魚露和棕櫚糖，再次煮沸。離火，放入打拋葉和馬蜂橙葉，浸泡 20 分鐘。使用細目篩網把醬汁篩到碗裡。清洗並放入葉用甜菜，使用均質機攪打滑順，呈現鮮綠色。再次過篩，放在常溫備用。

製作葉用甜菜

切掉白色的梗。用削皮器削掉梗粗硬的纖維，大致切成 15 公分長。清洗葉子，使用蔬菜脫水器甩乾。蒜頭去皮，完整保留。以中火加熱煎鍋裡的橄欖油，翻炒甜菜梗，不要使其上色。倒入雞高湯，放入蒜頭和百里香。在最後一分鐘，使用另一個煎鍋融化奶油，短暫翻炒葉子，使其軟化。

上菜

橄欖油放入煎鍋，以大火加熱。分開干貝和生殖腺部位，煎炒到干貝兩面金黃、生殖腺微熟。將綠咖哩汁倒入碗中，把干貝、生殖腺、甜菜的梗和葉優美地擺放在上面。使用紅鳥眼辣椒片、打拋葉和椰肉片裝飾。

刺菜薊鹹派佐核桃和油封下水

Quiche de cardons, noix et gésiers confits

6 人份

活躍時間
1 小時

冷藏時間
50 分鐘

烹煮時間
50 分鐘

設備
拋棄式料理手套
15 公分長、4 公分寬的
橢圓塔圈 6 個

食材

塔皮
中筋麵粉 1 杯又 2 大匙
（150 公克）
核桃粉 1 杯（100 公克）
奶油 1 條又 2 小匙（125
公克），冰過且切丁
1 顆蛋和 4 小匙（20 毫
升）水打成的蛋液
細海鹽

刺菜薊雜燴
刺菜薊 2 把
1 顆檸檬的汁
中筋麵粉近 1/2 杯（50
公克）
水 4 杯（1 公升）
粗海鹽
油封雞鴨下水 200 公克
新鮮核桃近 1 杯（100 公
克）
平葉巴西利 1/2 把
奶油 3 大匙（50 公克）
侏羅黃酒近 1/2 杯（100
毫升）
鹽和現磨黑胡椒

鮮奶油內餡
鮮奶油 1 杯（250 毫升），
至少 35% 脂肪
蛋 2 顆
蛋黃 2 顆
現磨肉豆蔻
鹽和現磨黑胡椒

上菜
水田芥 300 公克
核桃油 3 大匙（50 毫
升），分成兩份
褐色雞肉汁 3 大匙（50
毫升）
水田芥汁 1 又 1/4 杯
（300 毫升，非必要）

製作塔皮

在乾淨的檯面上混合中筋麵粉和核桃粉。將奶油搓進粉類，加鹽。挖一個洞在中央，倒入蛋液，慢慢跟粉類混合。用掌心下壓麵團，在檯面上向外推。做這個動作兩次，接著把麵團滾圓，包覆保鮮膜，冷藏 30 分鐘。

製作刺菜薊雜燴

戴上拋棄式手套保護雙手，將刺菜薊削皮，其中 1 把切成小條，另外 1 把切成薄片。放進冷水中，倒入檸檬汁，防止變色。麵粉和水放入大型湯鍋，使用打蛋器混合均勻。煮沸，不斷攪拌，煮成白色清湯，放入鹽和刺菜薊。剪一張跟鍋子直徑相同的圓形烘焙紙，放在上方，烹煮食材 20 分鐘左右，使刺菜薊細條和薄片熟軟。瀝乾，沖冷水備用。將下水切成 2 公釐的薄片，核桃切碎。清洗巴西利，幾片留著最後裝飾，其餘切末（參見第 54 頁技巧）。將奶油放入煎鍋，以中大火融化，煎炒下水薄片。放入刺菜薊細條和核桃，嗆入侏羅黃酒。酒收乾後，拌入巴西利末，用鹽和胡椒調味。

製作鮮奶油內餡

所有食材放入鋼盆混合均勻。

組合

把橢圓塔圈放在鋪有烘焙紙的烤盤上。將麵團擀開，放入塔圈，冷藏 20 分鐘。烤箱預熱到 160℃，盲烤塔皮 10 分鐘。放涼。將刺菜薊雜燴平均分裝到塔皮內，鮮奶油內餡倒到半滿。烘烤 20 分鐘，使內餡凝固（用刀子測試）。挑揀水田芥，丟掉粗梗，只留最綠的葉子。清洗乾淨，放在紙巾上擦乾。將鹹派盛到盤子上，小心移開塔圈。將水田芥和刺菜薊薄片擺放在上面，用鹽和胡椒調味，淋上幾滴核桃油和一點雞肉汁。把保留下來的巴西利刷上核桃油，放在盤子上，最後滴幾滴水田芥汁（若有使用）。

芝麻葉青醬和烤酪梨高麗菜捲

Feuille à feuille de pistou de roquette, chou pointu et avocat grillé

6 人份

活躍時間
1 小時

烹煮時間
25 分鐘，外加蒜頭的部分 1 小時到 1 夜（參見大廚筆記）

設備
細目篩網
果汁機
烤肉盤
8 公分乘 18 公分的蛋糕模圈
擠花袋
滴管

食材

蒜油
蒜頭 1 球
葡萄籽油 1 又 1/4 杯（300 毫升）

芝麻葉青醬
芝麻葉 200 公克
蒜油 2 大匙（30 毫升，參見前文）
葡萄籽油 2 大匙（30 毫升）

特級初榨橄欖油 2 大匙（30 毫升）
鹽和胡椒

酪梨高麗菜捲
尖頭高麗菜 1 大顆
哈斯酪梨 2 顆

蜂蜜芥末醬
Meaux 莫城芥末籽醬 50 公克
刺槐或百花蜂蜜 25 公克

白脫牛奶凝脂
白脫牛奶 1 又 1/4 杯（300 毫升）
檸檬汁 2 大匙（30 毫升）
鹽 1 撮

白脫牛奶汁
玉米粉 1.5 大匙（15 公克）
白脫牛奶 3/4 杯（200 毫升）

上菜
芝麻葉
灰色鹽之花或其他灰色海鹽

製作蒜油

烤箱預熱到 60℃。將蒜瓣分開，連皮一起壓碎。蒜頭放入可進烤箱的小盤子上，淋上葡萄籽油，放進烤箱烘烤 12 個小時或一夜。使用細目篩網過篩葡萄籽油，備用。

製作芝麻葉青醬

芝麻葉跟三種油一起攪打滑順，用鹽和胡椒調味。

製作酪梨高麗菜捲

小心剝下完整的高麗菜葉。一次一片放在烤肉盤炙燒，使用金屬烤盤壓著。酪梨連皮切半去核，切成厚片，放在烤肉盤上炙燒，然後再去皮。將烤過的高麗菜葉縱切對半，把梗切掉。將蛋糕模圈放在鋪有烘焙紙的烤盤上。模圈刷一點蒜油，底部鋪三片高麗菜葉，每片都用鹽和胡椒調味。上面再放一片高麗菜葉，鋪一層芝麻葉青醬。排放酪梨片，中間不要有空隙。再鋪一層青醬，留一點給蜂蜜芥末醬。再放四片高麗菜葉，最後一層往下壓平。

製作蜂蜜芥末醬

剩下的青醬跟芥末和蜂蜜一起放入鋼盆，使用打蛋器混合均勻。放入擠花袋。

製作白脫牛奶凝脂

將白脫牛奶、檸檬汁和鹽放入湯鍋，以小火煮沸。用細目篩網過篩，留下的凝脂質地應該類似瑞可塔乳酪。

製作白脫牛奶汁

將玉米粉和白脫牛奶放入湯鍋，用打蛋器攪打滑順。開中火煮沸，不斷攪拌直到濃稠。移到滴管中。

上菜

將高麗菜捲切成 1.5 公分的切片，放在烤肉盤上褐化。切片擺在盤子上，將凝脂和使用蒜油和鹽之花調味的芝麻葉放在上面。在切片周圍擠出幾滴蜂蜜芥末醬和白脫牛奶汁。

大廚筆記

如果要用瓦斯爐製作蒜油，
就用鋁箔紙緊緊包住蒜頭和油，
放在微滾的一鍋水中浮在水面上 1 小時。

熱帶蘿蔓沙拉

Salade romaine exotique

6 人份

活躍時間
30 分鐘

冷凍時間
5 分鐘

烹煮時間
15 分鐘

設備
直徑 5 公分的餅乾圓模

食材
3 顆蘿蔓生菜的內葉
雞胸肉 3 片

裹料
玉米粉 2/3 杯（100 公克）
醬油 3 大匙（50 毫升）
經過烘炒工序的麻油 4 小匙（20 毫升）
2 顆蛋打成的蛋液
沙嗲醬 100 公克
麵包粉 300 公克

熱帶淋醬
紅甜椒 1 顆
百香果 4 顆
檸檬 3 顆
蔥 1 把
香菜 1 把
青芒果 1 顆
黃皮芒果 1 顆
薑 10 公克
無鹽花生 1/3 杯（50 公克）
麻油 3/4 杯（200 毫升）

切達乳酪片
切達乳酪 200 公克

上菜
花生油 2/3 杯（150 毫升）
1 顆檸檬的汁
香菜數片

清洗蘿蔓生菜的內葉（參見第 28 頁技巧），將之一片片分開，放在紙巾上擦乾。冷藏備用。雞胸肉橫剖切開，但是不要切斷。沖冷水，放在兩張紙巾之間擦乾。使用擀麵棍輕打敲平，放進冷凍庫 5 分鐘。使用餅乾圓模切成圓片。

製作裹料

玉米粉鋪在盤子上。在小碗內將醬油、麻油和蛋液打在一起。在另一個小碗攪拌沙嗲醬和麵包粉。將雞肉片沾裹玉米粉，甩掉多餘的粉，接著放進醬油混合物，最後放進沙嗲醬麵包粉混合物，出力輕壓，好讓裹料附著。冷藏備用。

製作熱帶淋醬

甜椒去皮（參見第 43 頁技巧）、去籽、切末。百香果切半，把籽和汁挖到碗裡。清洗檸檬，刮下皮末、果肉榨汁。清洗蔥，切成斜片（參見第 64 頁技巧）。香菜切末（參見第 54 頁技巧）。芒果削皮，切下果肉，切小丁（參見第 60 頁技巧）。把薑削皮磨泥，花生切碎。所有食材放入碗中混合均勻，拌入麻油。

製作切達乳酪片

切達乳酪刨絲，分次放入大型不沾鍋，以中大火融化，使其變得酥脆，出現蕾絲圖樣。取出放涼，掰成大塊。

上菜

以中大火加熱倒進大型煎鍋的油，將雞肉片煎成金黃色，偶爾翻面以均勻上色。離火，用檸檬汁調味。將蘿蔓生菜放在盤子上，擺放雞肉片，將切達乳酪片塞在其中。淋上熱帶淋醬，用幾片香菜裝飾。

燜萵苣佐煙燻奶油沙巴雍

Sucrine braisée, sabayon au beurre fumé

6 人份

活躍時間
20 分鐘

煙燻時間
2 小時

烹煮時間
1 小時

設備
煙燻鍋或食品級牧草
熱水浴
溫度計
奶油發泡器和 1 顆氣彈

食材

煙燻奶油
無鹽奶油 2 又 2/3 條
（300 公克）

燜萵苣
奶油萵苣 1 顆
蒸餾白醋
迷你萵苣 6 顆
紅蘿蔔 1/2 根
洋蔥 1/2 顆
香草束 1 把，包括大蔥綠
葉、百里香、月桂葉和
芹菜葉，用棉繩綁起來
奶油 3 大匙（50 公克）
白色小牛高湯 1 又 2/3 杯
（400 毫升）

煙燻奶油沙巴雍
蛋 5 顆
蛋黃 2 顆
水 3 大匙（50 毫升）
煙燻奶油（參見前文）
希臘優格 1/2 杯（120
公克）
鹽和現磨黑胡椒

上菜
蕎麥爆米花 1 大匙
紫色蒜花花瓣
迷你香葉芹葉

製作煙燻奶油

奶油放在煙燻鍋裡 2 小時。或者，將奶油跟 2 大把牧草一起放入湯鍋，小心點燃牧草。馬上蓋上蓋子，將火熄滅、把煙困在裡面。將鍋子放進未啟動、關上門的烤箱 2 小時。

製作燜萵苣

剝除奶油萵苣外層損壞的葉片，剩下的完整保留。放入加了醋的冷水中清洗數次（參見第 28 頁技巧）。將整顆萵苣放入一鍋加鹽的滾水中速燙 2–3 分鐘（參見第 88 頁技巧）。瀝乾，短暫沖冷水，再次瀝乾，用手擠掉多餘的水分。剝除最大的六片葉子備用，之後用來包迷你萵苣。將迷你萵苣放入一鍋加鹽的滾水中速燙。瀝乾，沖冷水，再次瀝乾，擠掉多餘的水分。烤箱預熱到 180℃。清洗紅蘿蔔和洋蔥並去皮，接著切片（參見第 61 頁技巧）。將香草束的食材捆在一起。將奶油放入可進烤箱的大型煎鍋，以中火融化，翻炒紅蘿蔔和洋蔥。將迷你萵苣平鋪在上面，倒入小牛高湯，放入香草束。剪一張跟鍋子直徑相同的圓形烘焙紙，放在蔬菜上方，蓋上蓋子。放進烤箱烘烤 45 分鐘，直到刀子可以刺穿。在一個碗的上方瀝乾萵苣，輕壓以便擠出多餘的水分，汁液不要倒掉。每一顆迷你萵苣都用一片奶油萵苣的葉子捲起來，放回煎鍋，跟 2/3 杯（150 毫升）的汁液一起煮到出現光澤。

製作煙燻奶油沙巴雍

蛋、蛋黃和水放入隔熱鋼盆攪打均勻。放在熱水浴上，用打蛋器打到濃稠，溫度達到 82℃。融化煙燻奶油，慢慢打進蛋液。拌入優格，用鹽和胡椒調味。倒入奶油發泡器，裝上氣彈。

上菜

從奶油發泡器擠出不少煙燻奶油沙巴雍到每一個深盤中。放入一顆迷你萵苣捲，用蕎麥爆米花、紫色蒜花花瓣和迷你香葉芹葉優美地裝飾。

奶油洋蔥佐水田芥汁

Coulis de cresson

6 人份

準備時間
1 小時

烹煮時間
45 分鐘

設備
均質機
水滴形（或其他長形）
餅乾模

食材

水田芥汁
水田芥 1 把
加了一點醋的冷水 4 杯
（1 公升）
鹽

奶油洋蔥
甜洋蔥 3 顆，如 Vidalia
或 Walla Walla 品種
奶油 4 小匙（20 公克）
白色雞高湯 2 杯（500
毫升）
蛋黃 3 顆
蛋 1 顆
鮮 奶 油 2 杯（500 毫
升），至少 35% 脂肪
鹽和現磨黑胡椒

吐司片
超薄吐司切片 6 片
融化澄清奶油近 1/2 杯
（100 毫升）
細鹽

上菜
魚 子 醬 2 小 匙（10 公
克）
水田芥數枝

製作水田芥汁

將水田芥放入加了一點醋的冷水中清洗（參見第 30 頁技巧）。
去掉莖部，將葉子放入一鍋加鹽的滾水中速燙，使其軟化（參見
第 88 頁技巧）。瀝乾，馬上放入冰塊水中冰鎮，使葉子保持鮮
綠色。使用均質機把葉子攪打滑順。水田芥汁冷熱皆可食用。

製作奶油洋蔥

剝除洋蔥外層，將洋蔥切末。將奶油放入荷蘭鍋，以中火融化，
放入洋蔥翻炒至透明。用鹽和胡椒調味，倒入高湯，煮到洋蔥變
得非常軟。烤箱預熱到 80℃。將蛋黃、蛋和鮮奶油打在一起，
放入鍋中，使用均質機攪打滑順。放進烤箱，蓋上蓋子，烘烤
30 分鐘。

製作吐司片

烤箱溫度上升到 160℃。吐司片灑上鹽調味，刷上澄清奶油，放
在烤盤上，放進烤箱烘烤酥脆。使用餅乾模壓成水滴形（或其他
長形）。

上菜

舀一些奶油洋蔥到每一個濃湯盤中央，周圍倒入冷或熱的水田芥
汁。在奶油洋蔥上面放一片水滴形的吐司片，放一點魚子醬，用
水田芥裝飾。

烤特雷維索苦苣、
戈貢佐拉乳酪餃和義大利培根

Trévise grillée, raviole de gorgonzola et pancetta

6 人份

活躍時間
1 小時

冷藏時間
1 小時

烹煮時間
20 分鐘

設備
直立式攪拌機
製麵機
直徑 8 公分的餅乾圓模
烤肉盤

食材

薑黃餃子麵團
中筋麵粉 1 又 2/3 杯
（200 公克）
蛋 2 顆
細海鹽 2 撮
橄欖油 2 小匙（10 毫升）
薑黃粉 1 小匙

墨汁餃子麵團
中筋麵粉 1 又 2/3 杯
（200 公克）
蛋 2 顆
細海鹽 2 撮
橄欖油 2 小匙（10 毫升）
烏賊墨汁 1/2 小匙（2 公克）

餃子內餡
戈貢佐拉乳酪 400 公克

烤特雷維索苦苣
特雷維索苦苣（或其他種類的紅色苦苣）2 顆
橄欖油 4 大匙（60 毫升）
Ratafia 甜酒近 1/2 杯
（100 毫升）
鹽和現磨黑胡椒

裝飾
桑特葡萄乾 2 大匙（20 公克）
松子 2 大匙（10 公克）
義大利培根 12 片
珍珠洋蔥 12 顆
橄欖油
野生芝麻葉 50 公克
水田芥汁 1 又 1/4 杯
（300 毫升）
艾斯佩雷辣椒粉

製作薑黃餃子麵團

將所有食材放入裝有麵團勾的直立式攪拌機鋼盆，攪打成滑順的麵團。麵團滾圓，包覆保鮮膜，冷藏 1 小時。

製作墨汁餃子麵團

仿照薑黃餃子麵團的做法，只是把薑黃改成墨汁。冷藏 1 小時。

製作餃子

用叉子大致壓碎戈貢佐拉乳酪。使用製麵機將兩種麵團個別壓成 10–12 公分寬的薄片。將墨汁麵團切成長條，刷一點水，間距相等地黏在薑黃麵團上，接著使用製麵機壓過，再用餅乾圓模切成直徑 8 公分的圓片。放一些戈貢佐拉乳酪在半數的餃子皮中央，沾濕餃子皮邊緣，放上另一張餃子皮，壓實邊緣使其黏合。放進冰箱備用。

製作烤特雷維索苦苣

清洗特雷維索苦苣，縱切成四等份，淋上橄欖油，用鹽和胡椒調味。以大火加熱烤肉盤，炙燒苦苣的每一面，使其煮熟但仍有脆度。嗆入甜酒，將苦苣盛到盤子上，將烤肉盤的汁液淋上去。

準備裝飾

將葡萄乾泡在溫水中，使其膨脹，接著瀝乾。烤箱預熱到 150℃。烤盤上鋪一張烘焙紙，在上面攤開松子，烘烤 5 分鐘。烤箱設定成上火高溫炙烤，烘烤義大利培根（或使用煎鍋完成）。剝除珍珠洋蔥外層，縱切對半，用一點橄欖油翻炒，接著跟葡萄乾混合。

上菜

將餃子放入一大鍋加鹽的滾水中烹煮 3 分鐘。瀝乾，淋上一點橄欖油。將餃子、苦苣、培根、松子、洋蔥、葡萄乾和芝麻葉優美地擺放在盤子上。在每一個盤子上滴幾滴水田芥汁，灑一些艾斯佩雷辣椒粉。

葡萄葉裹檸檬羊肉餡

Feuilles de vigne à l'agneau et zeste de citron

10 人份

活躍時間
1 小時

烹煮時間
30 分鐘

食材

內餡
洋蔥 1 顆
瘦羊肉（腿部）或羊絞
肉 200 公克
平葉巴西利 1/4 把
葵花油
檸檬 2 顆
長穀米 1 杯（200 公克）
鹽和現磨黑胡椒

葡萄葉
葡萄葉 40–50 片
葵花油
水、蔬菜高湯或淡褐色
羊肉高湯 2 杯（500 毫
升）
細海鹽

優格醬
蒜頭 1 瓣
原味優格 1 杯（250 公克）
特級初榨橄欖油 3 大匙
（40 毫升）
香菜苗 1/4 把（非必要）
鹽和現磨黑胡椒

製作內餡

剝除洋蔥外層，切末（參見第 56 頁技巧）。若不是使用羊絞肉，就用鋒利的刀子把肉切小丁。清洗巴西利並切末（參見第 54 頁技巧）。將洋蔥放入煎鍋，用一點葵花油以中火翻炒。刨檸檬皮，將檸檬切片，切片的部分留到烹煮葡萄葉的時候再用。羊肉、米、一點葵花油、炒過的洋蔥、巴西利和檸檬皮末放入鋼盆混合均勻。用鹽和胡椒調味。

製作葡萄葉裹內餡

將一個碗裝滿冷水和冰塊。將一鍋加了鹽的水煮沸，放入葡萄葉速燙 3 秒鐘（參見第 88 頁技巧）。瀝乾，泡在冰塊水中，以免繼續加熱。在一個大鍋子底部鋪上備用的檸檬片，再鋪一層葡萄葉，以免包餡的葡萄葉燒焦。將一片葡萄葉放在檯面上，挖一些內餡到中間，將葡萄葉的四邊折到內餡上方，把葉子捲起來，小心不要捲得太緊，否則米飯在烹煮的過程中膨脹，可能會使葉子撐破。用剩下的葡萄葉包完所有的內餡。將包好的葉子排在鍋中，不要排得太緊，若有必要可以排成好幾層。倒入水、蔬菜高湯或羊肉高湯，將一個直徑比鍋子小一點的盤子放在上面，盤子上放重物。以小火烹煮約 20 分鐘或到水分收乾。

製作優格醬

蒜頭去皮壓碎，放入碗中跟優格混合在一起。用鹽和胡椒調味，接著使用打蛋器拌入大部分的油。舀進另一個碗，淋上剩下的油。灑上香菜苗（若有使用）。

上菜

將包餡的葡萄葉擺放在盤子上，用煮過的檸檬片裝飾。搭配優格醬食用。

大廚筆記

想要的話，可以將包餡的葡萄葉放進煮飯的電子鍋，
用相同的方式烹煮。

越南牛肉米線和蝦仁春捲

Bò bún au bœuf et aux crevettes

10 人份

活躍時間
2 小時

烹煮時間
30 分鐘

設備
油炸鍋和油炸籃
中式炒鍋
打沫勺

食材

越南米線
米線 250 公克
橄欖油
沙朗牛排 500 公克
蠔油
洋蔥 1 顆
鹽

椰奶醬
椰奶 400 毫升
韭菜花 1 把
鹽

春捲
瘦豬肩肉 300 公克
紅蘿蔔 1 根
櫛瓜 1 根
紅蔥頭 1 顆
蝦子 20 隻
蛋 1 顆，分成蛋白和蛋黃
春捲皮 20 張
炸油
鹽和現磨黑胡椒

上菜
萵苣
薄荷葉
豆芽菜 100 公克
花生碎
越南酸甜沾醬

製作越南米線

將米線放入一鍋加鹽的滾水中速燙。瀝乾，短暫沖冷水，拌入一些橄欖油。牛排切細條，拌入蠔油，使其均勻沾裹，淋上一點橄欖油。剝除洋蔥外層，切末（參見第 56 頁技巧）。在中式炒鍋中加熱一些橄欖油，放入洋蔥以大火翻炒。放入牛肉條，翻炒到褐化。

製作椰奶醬

將椰奶放入小型湯鍋，以小火加熱。清洗韭菜，接著切或剪成末（參見第 54 頁的大廚筆記）。放入湯鍋，加一點鹽調味。

製作春捲

豬肉切小丁。紅蘿蔔和櫛瓜切絲（參見第 58 頁技巧），剝除紅蔥頭外層並切末（參見第 56 頁技巧）。蝦子剝殼，去頭去尾，切成 5 公釐的丁狀。豬肉、紅蘿蔔、櫛瓜和紅蔥頭放入鋼盆混合均勻，用叉子稍微打一下蛋白，跟蝦子一起放入鋼盆拌勻。用鹽和胡椒充分調味。將春捲皮放在檯面上，其中一角對著自己。挖一些內餡到距離那一角 5 公分的地方，用春捲皮緊緊捲起內餡到一半的位置，把兩邊往內折，接著繼續捲完，用一點蛋黃液刷在最後的尖角，以利黏合。炸油加熱到 180℃，油炸春捲 6–7 分鐘，使其金黃酥脆。分兩批油炸，以免炸油溫度下降。使用打沫勺撈出，放在鋪有紙巾的盤子上瀝乾。

上菜

將萵苣、薄荷葉和豆芽菜擺放在一或多個碗中，灑上花生碎，放入米線、炒好的牛肉和切塊的春捲。跟椰奶醬和越南酸甜沾醬一起上菜，前者可以淋在食物上，後者可以沾食。

大廚筆記

若在油炸前1.5小時製作春捲，
蛋黃液會有時間乾燥，
防止春捲在油炸時鬆開。

莖部與鱗莖

綠蘆筍佐巴西利和柚子

Asperges vertes, persil et pomelos

6 人份

準備時間
1 小時

烘乾時間
12 小時

烹煮時間
10 分鐘

設備
食物調理機
果汁機
熱水浴
打沫勺
手持式攪拌機
烘焙紙紙筒或滴管 2 個

食材

黑橄欖粉
去籽黑橄欖 250 公克

綠蘆筍
綠蘆筍 18 根
每 4 杯／1 公升的滾水
添加 2.5 小匙（10 公克）
的粗海鹽
橄欖油近 1/2 杯（100 毫
升）

濃縮葉綠素
平葉巴西利 2 把
冰塊

濃縮柚子汁
柚子 1 顆

美乃滋
第戎芥末醬 2 小匙（10
公克）
蛋黃 3 顆
葡萄籽油 3/4 杯（200
毫升）
鹽之花
現磨黑胡椒

乾燥巴西利
沾裹葉子的油
細海鹽

上菜
芳香萬壽菊葉子 30 公克
紫色蒜花 30 公克
1 顆柚子的果肉切丁
烤吐司片（參見第 116
頁食譜）

製作黑橄欖粉

烤箱預熱到 60℃。烤盤上鋪一張烘焙紙，在上面攤開黑橄欖。放進烤箱烘乾 12 個小時。使用食物調理機打成粉末，過篩。

製作綠蘆筍

處理綠蘆筍，使用棉繩捆在一起（參見第 38 頁技巧）。將一鍋根據水量加鹽的水煮沸，烹煮綠蘆筍 3–5 分鐘（參見第 90 頁技巧）。烹煮時間視蘆筍的粗細而定，用手指小心捏捏看蘆筍尖，如果捏得下去就是煮好了。放入冰塊水中冰鎮，接著瀝乾，淋上橄欖油。

製作濃縮葉綠素

清洗巴西利，挑出 18 片葉子（剩下的保留給乾燥巴西利的部分），跟幾塊冰塊和 2 杯（500 毫升）水一起攪打。將一塊布穩穩鋪在一個碗上方，倒入液體，擰轉那塊布，以擠出汁液。將汁液倒入熱水浴，以中火烹煮，直到表面浮出綠色慕斯狀泡沫（也就是葉綠素）。使用打沫勺撈出備用。

製作濃縮柚子汁

將柚子汁擠到一個小型湯鍋，微滾煮到濃縮成糖漿狀。

製作美乃滋

使用打蛋器攪打芥末醬和蛋黃，用鹽和胡椒調味，接著緩緩倒入葡萄籽油攪打，使其乳化濃稠。將美乃滋分成兩個小碗，一個拌入濃縮葉綠素，一個拌入濃縮柚子汁。移到烘焙紙做成的擠花紙筒或滴管中。

製作乾燥巴西利

將備用的巴西利沾裹油。盤子上放一張可微波的保鮮膜，將葉子放在上面，用鹽調味，接著用另一個盤子蓋住。以 900 瓦微波加熱 30 秒鐘，使其乾燥。把上面的盤子拿開，讓葉子完全乾燥。

上菜

將蘆筍放在下面放了烘焙紙或砧板的鐵架上，用烘焙紙紙筒或滴管將兩種美乃滋擠在蘆筍上。在盤子上灑黑橄欖粉，接著在上面擺放綠蘆筍。用萬壽菊的葉子、乾燥巴西利和紫色蒜花裝飾。灑幾塊柚子丁，放幾片切成圓形的烤吐司片。

烤大蔥和淡菜沙拉

Poireau grillé en marinière de coquillages, salmigondis de couteaux et vernis

6 人份

活躍時間
1 小時

烹煮時間
45 分鐘

設備
細目篩網

食材

淡菜
文蛤 6 個
竹蟶 12 個

白酒醬
紅蔥頭 1 顆
百里香 1/4 把
白酒 3/4 杯（200 毫升）
蘋果汁 2 杯（500 毫升）

焦香奶油醬
紅蔥頭 2 顆
蘋果醋 3/4 杯（200 毫升）
微鹽奶油 7 大匙（100 公克）

大蔥
微鹽奶油 7 大匙（100 公克）
大蔥 3 根

上菜
皇家加拉蘋果或其他偏酸的脆蘋果 1 顆
蝦夷蔥 1/2 把
寄奴草（chickweed）20 公克
秋海棠小花 20 公克

準備淡菜

打開文蛤，移除生殖腺。打開竹蟶，取出肉。將兩種淡菜切成很小的丁，不要混在一起。放進冰箱備用。

製作白酒醬

將 6 個竹蟶殼放入一鍋水煮沸，以進行清潔，之後要用來組合菜餚。剝除紅蔥頭外層，切末（參見第 56 頁技巧）。把剩下的淡菜殼全部放入一個大型湯鍋。清洗百里香，跟紅蔥頭和白酒一起放入鍋中。蓋上蓋子煮沸，微滾 5–10 分鐘。使用細目篩網過篩液體，再倒入一個湯鍋煮沸，稍微收汁。將蘋果汁放入另一個湯鍋煮沸，微滾煮到濃縮成糖漿狀。將白酒醬拌入蘋果糖漿。

製作焦香奶油醬

剝除紅蔥頭外層，切末（參見第 56 頁技巧）。跟醋一起放入煎鍋微滾，煮到醋完全蒸發。同一時間，將奶油放入湯鍋，以中小火融化，煮到褐化但是顏色不變得過深。醋蒸發後，將焦香奶油拌入紅蔥頭中。

準備大蔥

製作澄清奶油，將奶油放入厚底鍋，以小火融化。撈掉白沫，將清澈的黃色奶油層倒入罐子裡，不要倒入底部的乳白殘渣。清洗大蔥，切掉白色部分，接著縱切對半，保留底部的小根。綠色的部分可以用在其他菜餚。將白色部分放入一鍋滾水中速燙（參見第 88 頁技巧）。將澄清奶油倒入大型煎鍋加熱，冒泡時切面朝下放入大蔥，煎到褐化。

上菜

將蘋果削皮、去核、切小丁（參見第 60 頁技巧）。清洗蝦夷蔥，接著切或剪成末（參見第 54 頁的大廚筆記）。上菜前，溫和加熱切丁的竹蟶，帶出白色，接著跟切丁的文蛤、蘋果和蝦夷蔥混合，做成淡菜沙拉。將沙拉舀進清潔過的竹蟶殼。放一塊大蔥在每一個盤子上，切面朝上。將竹蟶殼擺在上面。用寄奴草和秋海棠小花裝飾。

多層次茴香杯

Petits pots de fenouil en multi textures

6 人份

活躍時間
40 分鐘

冷藏時間
1 小時

烹煮時間
20 分鐘

設備
果汁機
細目篩網
150–200 毫升的玻璃罐
6 個
切片器

食材

帕瑪森餅乾
現刨帕瑪森乳酪 50 公克
中筋麵粉近 1/2 杯（50 公克）
軟化奶油 3 大匙又 1 小匙（50 公克）

茴香泥
茴香鱗莖 350 公克
橄欖油些許
八角 1 顆

奶油茴香
金級吉利丁片 1.5 片（3 公克）
茴香泥 160 公克
鮮奶油 1/3 杯（70 毫升），至少 35% 脂肪

燉茴香
茴香鱗莖 1 顆
橄欖油 3 大匙（50 毫升）
茴香汁（使用榨汁機自製）3/4 杯（200 毫升）
法國茴香酒或其他茴香口味的烈酒 3 大匙（50 毫升）
細海鹽和白胡椒

茴香沙拉
茴香鱗莖 1/4 顆
冰塊數塊
檸檬汁擠一下的量

上菜
海蘆筍 50 公克
蒔蘿 1/8 把
橄欖油，調味用
琉璃苣 12–18 朵
檸檬皮末
鹽和現磨黑胡椒

製作帕瑪森餅乾

用手將所有食材揉成一個麵團，擀成直徑 4 公分的圓柱，用保鮮膜包覆，冷藏約 30 分鐘。烤箱預熱到 180℃，烤盤上鋪一張烘焙紙。將麵團切成 2 公分的切片，放在烤盤上，烘烤約 10 分鐘，使其變得金黃。在鐵架上放涼。

製作茴香泥

清洗茴香並切片（參見第 55 頁技巧）。將茴香跟橄欖油和八角一起放入湯鍋中，以小火溫和煮軟。拿掉八角，將茴香攪打滑順，壓過細目篩網，形成輕盈滑順的茴香泥。秤 160 公克的茴香泥，其餘備用。下一步所使用的茴香泥必須是熱的。

製作奶油茴香

吉利丁片泡在冷水中軟化。擠出吉利丁片的水分，拌入秤好的溫熱茴香泥，使其融化。放涼，接著冷藏到快要凝固，在未完全凝固前輕輕打發鮮奶油，拌入茴香泥。把奶油茴香分裝到玻璃罐，只留下 2 公分的高度，接著放回冰箱凝固。

製作燉茴香

清洗茴香並切成薄片，在小型煎鍋中加熱一些橄欖油，放入茴香以小火翻炒。倒入茴香汁，覆蓋一張圓型烘焙紙，繼續煮軟。用鹽和胡椒調味，倒入茴香酒，保持溫熱。

製作茴香沙拉

清洗茴香，用切片器切成薄片。放進加了幾塊冰塊的水，倒入檸檬汁，防止變色。

上菜

將海蘆筍放入一鍋無鹽的滾水中速燙（參見第 88 頁技巧），放入冰塊水中冰鎮。清洗蒔蘿並切末，留下幾根裝飾用。瀝乾沙拉要用的茴香，用紙巾拍乾，用橄欖油、鹽、胡椒和蒔蘿調味。舀一點茴香泥到每個玻璃罐的奶油茴香上。捏碎一塊帕瑪森餅乾，灑在上面。將燉茴香舀到餅乾碎屑上，放一層茴香沙拉。在最上面擺放海蘆筍、留下的蒔蘿、琉璃苣和檸檬皮末。

粉紅大蒜可樂餅佐熊蔥青醬

Cromesquis d'ail rose, pesto d'ail des ours

6 人份

活躍時間
1 小時

烹煮時間
30 分鐘

設備
細目篩網
直徑 10 公分、高度 4 公分的餅乾圓模
果汁機
食物調理機
油炸鍋和油炸籃
溫度計
切片器

食材

粉紅大蒜可樂餅
粉紅大蒜 4 顆
蛋 3 顆
蒜薹 50 公克
鹽之花
現磨黑胡椒

熊蔥青醬
熊蔥 500 公克
初榨橄欖油近 1/2 杯
（100 毫升）

麵包粉裹料
未切吐司 500 公克
蛋 3 顆
中筋麵粉 1 又 2/3 杯
（200 公克）
花生油，油炸用

裝飾
蒜頭 2 大瓣
花生油，油炸用
紫色蒜花 30 公克

製作粉紅大蒜可樂餅

蒜頭去皮、去芽，放入一鍋滾水中汆燙兩次（參見第 89 頁技巧）。水煮蛋，使其全熟，接著剝掉蛋殼。將蛋白和蛋黃分開，蛋白壓過細目篩網，得到類似粗粒小麥粉的質地。蒜頭切小丁（參見第 60 頁技巧），蒜薹切或剪成末（參見第 54 頁的大廚筆記）。將所有食材混合均勻，用鹽和胡椒調味。在砧板上將食材壓成厚度一致的扁平狀，使用餅乾圓模壓出 6 個圓餅。放進冷凍庫冰硬，這樣比較容易裹粉。

製作熊蔥青醬

挑出 6 片熊蔥葉晾乾，留著裝飾用。將剩下的熊蔥放入一鍋加鹽的滾水中速燙（參見第 88 頁技巧）。瀝乾，放涼到不燙手了，便擠出多餘水分。跟橄欖油一起攪打滑順。

製作麵包粉裹料

使用食物調理機將吐司打碎。在淺盤上打散蛋液，並將麵粉和麵包粉鋪在個別的盤子上。取出冷凍庫的蒜餅，先沾一層麵粉，再沾蛋液，最後裹上麵包粉，用力壓，以確實均勻沾裹。準備好油炸前，先放冰箱冷藏。炸油加熱到 160℃，油炸可樂餅，使每一面都變得金褐（參見第 100 頁技巧）。

裝飾

將留下來的 6 片熊蔥葉放進微波爐乾燥。蒜瓣去皮，用切片器切成薄片。將蒜片放入一鍋滾水中速燙，接著瀝乾，用紙巾拍乾。用一點熱油煎到金黃，馬上放在紙巾上瀝乾。舀一些熊蔥青醬到碗中，可樂餅放在上面。使用乾燥熊蔥葉、紫色蒜花和煎蒜片點綴裝飾。

洋蔥殼鹹奶酪

Pannacotta en coque d'oignon

10 人份

活躍時間
1 小時

烹煮時間
1 又 1/4 小時

烘乾時間
1 小時

靜置時間
10 分鐘

設備
均質機
切片器
矽膠烘焙墊
直徑 5 公分的不鏽鋼管
細目篩網
奶油發泡器和 2 顆氣彈
油炸鍋和油炸籃
溫度計

食材

洋蔥殼
白洋蔥 4 顆
奶油

洋蔥奶酪
白洋蔥 100 公克
全脂牛奶近 1/2 杯（100
毫升）
鮮奶油 200 毫升，至少
35% 脂肪
吉利丁片 3 片（6 公克）
鹽和白胡椒

洋蔥片
羅斯科洋蔥或其他品種
的甜洋蔥 1 顆
糖粉

洋蔥酥粒
軟化無鹽奶油 4 大匙
（60 公克）
中筋麵粉 1/2 杯（60 公
克）
杏仁 1/4 杯（30 公克），
切碎
洋蔥 60 公克，剝除外
層、切末
3 枝迷迭香的葉片，切
末

突尼西亞酥皮中空管
澄清奶油
突尼西亞酥皮麵團 2 張

洋蔥奶泡
黃洋蔥 250 公克
低脂牛奶 1 大匙又 2 小
匙（25 毫升）
現刨帕瑪森乳酪 1 大匙
（6 公克）
打發鮮奶油 1/3 杯（75
毫升），至少 35% 脂
肪

珍珠洋蔥圈
白珍珠洋蔥 6 顆
全脂牛奶近 1/2 杯（100
毫升）
中筋麵粉 3/4 杯又 2 大
匙（100 公克）
炸油
細海鹽

醃漬紫洋蔥
紫洋蔥 1 顆
水 3/4 杯（200 毫升）
白醋或蘋果醋近 1/2 杯
（100 毫升）
糖近 1/2 杯（80 公克）

上菜
蔥 2 根
白色和紫色蒜花 20 朵

製作洋蔥殼

烤箱預熱到 160℃。剝除洋蔥外層，縱切對半。煎鍋中融化一點奶油，稍微褐化洋蔥。盛到可進烤箱的盤子烘烤約 30 分鐘。剝開每一層備用，以製作洋蔥殼。

製作洋蔥奶酪

剝除洋蔥外層並切片（參見第 55 頁技巧）。將洋蔥、牛奶和鮮奶油放入厚底鍋，以小火加熱，蓋上蓋子，煮到非常軟。吉利丁片泡在冷水中軟化。擠出吉利丁片的水分，拌入鍋中食材到融化為止。使用均質機攪打，用鹽和胡椒調味。放涼，倒入洋蔥殼凝固。

製作洋蔥片

對流烤箱預熱到 80℃。剝除洋蔥外層，使用切片器垂直切成薄片。將每一片小心放在矽膠烘焙墊上，灑上糖粉。靜置 10 分鐘，接著放進烤箱烘乾 1 小時。

製作洋蔥酥粒

烤箱預熱到 160℃。用指尖將所有食材搓在一起，形成粗糙顆粒，灑在矽膠烘焙墊上，烘烤約 10 分鐘，使其呈現淡淡的金色。

製作突尼西亞酥皮中空管

製作澄清奶油，將奶油放入厚底鍋，以小火融化。撈掉白沫，將清澈的黃色奶油層倒入罐子裡，不要倒入底部的乳白殘渣。烤箱預熱到 180℃。將突尼西亞酥皮麵團切成 5 公分乘 25 公分的長方形，刷上澄清奶油。將長方形麵團繞過不鏽鋼管，使用鋁箔紙固定，放進烤箱烘烤 8 分鐘。若有必要可以分批烘烤。趁熱小心拿掉管子，放在常溫備用。

製作洋蔥奶泡

剝除洋蔥外層並切片（參見第 55 頁技巧）。放入裝了一半水的湯鍋，蓋上蓋子，以小火煮到非常軟。洋蔥瀝乾，用均質機攪打，用細目篩網過篩。將牛奶加熱，拌入帕瑪森乳酪，跟鮮奶油一起拌入洋蔥，用鹽和胡椒調味，移到奶油發泡器。裝上 2 顆氣彈，冰進冰箱。

製作珍珠洋蔥圈

炸油加熱到 170℃。剝除洋蔥外層，切成環狀。沾裹牛奶，接著沾裹麵粉，油炸到稍微上色。放在紙巾上瀝乾，用鹽調味。

製作醃漬紫洋蔥

剝除洋蔥外層，縱切對半，接著再次縱切成 1 公分厚的切片。將水、醋和糖放入中型湯鍋，以大火煮沸。離火，放入洋蔥，放涼到常溫。

上菜

蔥綠切細蔥花。用蔥花、洋蔥圈和蒜花裝飾填滿奶酪的洋蔥殼。在每一個盤子上擺放三個填滿奶酪的洋蔥殼。將洋蔥奶泡擠進每一根突尼西亞酥皮中空管，站立在盤子上。在每一個盤子上擺放一些酥粒、醃漬紫洋蔥和一片洋蔥片。

紅蔥頭包羊肉佐奶油紅蔥頭

Échalotes farcies à l'agneau et crème d'échalote grise

6 人份

活躍時間
1 小時

烹煮時間
50 分鐘

設備
絞肉機
蒸烤箱或蒸鍋
果汁機

食材

紅蔥頭
香蕉紅蔥頭 6 顆

羊肉內餡
無鹽奶油 6 大匙（90 公克）
金黃葡萄乾 1 小匙（5 公克）
羊肩肉 250 公克
豬頸肉 70 公克
紅蔥頭 75 公克
橄欖油 1 大匙
乾型白酒 2/3 杯（150 毫升）
平葉巴西利 1/4 把
薄荷葉 1/4 把
蝦夷蔥 1/4 把
新鮮奧勒岡切末 1 小匙
舌形紅甜椒 4 根
鹽和現磨黑胡椒

奶油紅蔥頭
灰色紅蔥頭 300 公克
奶油 3 大匙（50 公克）
蔬菜高湯 3/4 杯（200 毫升），若有必要可以多一點點
打發鮮奶油 3 大匙（50 公克），至少 35% 脂肪
鹽和現磨黑胡椒

裝飾
6 根蔥的蔥綠
羊肉汁近 1/2 杯（100 毫升）
紫色蒜花

準備紅蔥頭

烤箱預熱到 180℃，將紅蔥頭放在烘焙紙上包緊，烘烤 25 分鐘。打開烘焙紙，剝開紅蔥頭的每一層，留下最大的備用。

製作羊肉內餡

製作澄清奶油，將奶油放入厚底鍋，以小火融化。撈掉白沫，將清澈的黃色奶油層倒入罐子裡，不要倒入底部的乳白殘渣。內餡會需要約 4 大匙（60 毫升）的澄清奶油。將金黃葡萄乾泡在溫水中。將羊肩肉和豬頸肉放入絞肉機絞碎。剝除紅蔥頭外層，切小丁（參見第 60 頁技巧），跟橄欖油一起放入煎鍋中稍微翻炒，但不要上色。嗆入白酒，煮到酒完全蒸發。盛到碗中放涼。巴西利和薄荷葉切末（參見第 54 頁技巧）。清洗蝦夷蔥，接著切或剪成末（參見第 54 頁的大廚筆記）。將所有香草拌入炒好的紅蔥頭，放回鍋中短暫翻炒。跟鹽和胡椒一起拌入絞肉。瀝乾葡萄乾。舌形紅甜椒切小丁，跟葡萄乾一起拌入絞肉內餡。使用兩個大湯匙把內餡形塑成橢圓形，用一片烤好的紅蔥頭包起來。刷上澄清奶油，放進 85℃ 的蒸烤箱或蒸鍋中烹煮 10 分鐘。

製作奶油紅蔥頭

紅蔥頭切末（參見第 56 頁技巧）。將奶油放入大型煎鍋中融化，但是不要變色。倒入蔬菜高湯，蓋上蓋子，以小火微滾 15 分鐘左右。攪打滑順，倒入鮮奶油。如果覺得太濃稠，可以再拌入一點蔬菜高湯。用鹽和胡椒調味。

上菜

將蔥綠速燙、瀝乾、冰鎮（參見第 88 頁技巧）。使用單獨的盤子上菜，或是放在兩個盤子中共享。用奶油紅蔥頭圍出一個不規則的圈圈，在圈圈裡倒入羊肉汁。將蔥綠和包餡紅蔥頭擺放成花朵的樣子，用紫色蒜花裝飾。

血腥瑪麗式西洋芹

Céleri Bloody Mary

6 人份

活躍時間
2 小時

冷藏時間
2 小時

烹煮時間
35 分鐘

設備
榨汁機
果汁機
咖啡濾紙
細目篩網
葉子圖案的矽膠烘焙墊
直徑 10 公分、高度 2 公
分的塔圈

食材

芹菜凍和芹菜棒
金級吉利丁片 5 片（10
公克）
西洋芹 2 把
不含氣泡的礦泉水 2 杯
（500 毫升）
洋菜粉 1/2 小匙（1 公克）
鹽和現磨黑胡椒

血腥瑪麗凍
金級吉利丁片 6 片（12
公克）
番茄 4 顆
番茄醬 2 小匙（10 公克）
番茄糊 2 小匙（10 公克）
伏特加 3/4 杯（200 毫
升），外加上菜時需要
的一些
塔巴斯科醬 2 小匙（10
毫升），外加上菜時需
要的一些
芹菜鹽
伍斯特醬 2 小匙（10 毫
升）

蕾絲番茄葉
中筋麵粉 1/2 杯減 1 大
匙（50 公克）
融化奶油 3 大匙又 1 小
匙（50 公克）
蛋白近 1/4 杯（50 公
克，約 2 顆蛋的蛋白）
番茄糊 1 小匙（5 公克）

裝飾
香菜籽 30 顆
初榨橄欖油 4 小匙（20
毫升）
芹菜鹽
黃色芹菜葉
煙燻紅椒粉

製作芹菜凍和芹菜棒

吉利丁片泡在冷水中軟化。西洋芹清洗、削皮，保留皮的部分製作果凍。將一把西洋芹切小條，放入一鍋加鹽的滾水中以英式滾燙法燙軟（參見第 90 頁技巧）。放入冷水中冰鎮，瀝乾，用鹽和胡椒調味，備用。另一把西洋芹跟所有削下來的皮一起榨汁，拌入礦泉水，接著過篩，倒入湯鍋。放入洋菜粉煮沸。離火。擠出吉利丁片的水分，拌入使其完全融化。倒入有邊烤盤或大盤子裡，放進冰箱凝固 1 小時，接著切成小塊。

製作血腥瑪麗凍

吉利丁片泡在冷水中軟化。番茄清洗、去蒂，跟番茄醬、番茄糊、伏特加和塔巴斯科醬一起攪打。放入湯鍋加熱，接著把咖啡濾紙套在細目篩網上，過篩液體，用力壓出汁液。保留剩下的濾渣。擠出吉利丁片的水分，拌入過篩的液體到融化為止，若有必要可以重新加熱。入有邊烤盤或大盤子裡，放進冰箱凝固 1 小時，接著切成小塊。像調血腥瑪麗一樣，用一點伏特加、芹菜鹽、塔巴斯科醬和伍斯特醬調味剩下的濾渣。

製作蕾絲番茄葉

烤箱預熱到 160℃，在烤盤上鋪葉子圖案的矽膠烘焙墊。將所有食材放入中碗，使用打蛋器混合均勻，平均鋪在烘焙墊上，烘烤4–5 分鐘。讓番茄葉變硬一些，放涼到不燙手，接著取出烘焙墊。

上菜

將直徑 10 公分的塔圈放在盤子上，舀一些製作血腥瑪麗凍所留下的濾渣到塔圈裡。用香菜籽、橄欖油和芹菜鹽調味芹菜棒，跟一片蕾絲番茄葉一起擺放在濾渣上。放入更多芹菜棒，最後再放一片番茄葉。小心移開塔圈，剩下的盤子也這麼擺放。在邊緣交替擺放兩種果凍，用黃色芹菜葉裝飾，灑上煙燻紅椒粉。

根部與塊莖

蘿蔔蛋糕
Cake à la carotte

6 人份

活躍時間
1.5 小時

冷藏時間
1.5–2 小時

冷凍時間
至少 3 小時

烹煮時間
15 分鐘

設備
榨汁機
冰淇淋機
長度 20 公分、高度 2 公分的方形蛋糕模圈或布朗尼模
手持式攪拌機
直徑 6 公分的餅乾圓模切片器
容量 100 毫升的滴管或醬料瓶
直立式攪拌機
擠花袋

食材

紅蘿蔔柳橙杏桃雪酪
紅蘿蔔 620 公克
檸檬汁 1/4 杯（60 毫升）
柳橙汁 1.5 杯（345 毫升）
杏桃泥 100 公克
細砂糖逾 2/3 杯（130 公克）
穩定劑 6 公克（非必要）

蘿蔔蛋糕
中筋麵粉 2/3 杯又 1 大匙（90 公克）
泡打粉 1 大匙又 1/2 小匙（13 公克）
紅蘿蔔 320 公克
蛋液 1/2 杯（130 公克，約 2.5 顆蛋）

細砂糖 2/3 杯（130 公克）
鹽之花 1 撮
蛋白 1/4 杯（60 公克，約 2 顆蛋的蛋白）
榛果粉 2 又 1/4 杯（190 公克）
葡萄籽油 4 小匙（20 毫升）
榛果油近 1/2 杯（100 毫升）
烤榛果碎 2/3 杯（75 公克）

糖漬紅蘿蔔和糖漿
紫色紅蘿蔔 1 根
橘色紅蘿蔔 1 根
白色紅蘿蔔 1 根
糖 1 又 2/3 杯（325 公克）
水 1.5 杯（325 毫升）

紅蘿蔔凍
吉利丁片 1 又 3/4 片（3.5 公克）
紅蘿蔔汁 1 又 2/3 杯（400 毫升）
糖 1/2 杯（100 公克）
洋菜粉 1 又 3/4 小匙（2.5 公克）

杏桃汁
玉米粉 2.5 小匙（8 公克）
杏桃泥 300 公克
糖 5 小匙（20 公克）

馬斯卡彭奶霜
馬斯卡彭乳酪 1/3 杯（75 公克）
鮮奶油 1 又 1/4 杯（300 毫升），至少 35% 脂肪
糖 1/4 杯（50 公克）
1 根香草莢的籽

上菜
三色菫花瓣 18 片
蒜花 18–24 朵
紅蘿蔔葉子

製作紅蘿蔔柳橙杏桃雪酪

紅蘿蔔削皮、榨汁,跟檸檬汁、柳橙汁和杏桃泥一起放入大型湯鍋中稍微加熱。拌入糖和穩定劑(若有使用),冷藏 1 小時。移到冰淇淋機,按照產品說明製冰,冷凍至少 3 小時。

製作蘿蔔蛋糕

烤箱預熱到 170℃,將蛋糕模圈放在鋪有烘焙紙的烤盤上。將麵粉和泡打粉一起篩入鋼盆。紅蘿蔔削皮、刨絲。使用手持式攪拌機打發蛋液和糖 5 分鐘,打到至可出現緞帶,接著打入鹽之花。蛋白打到濕性發泡備用。將榛果粉、葡萄籽油、榛果油、紅蘿蔔絲和榛果碎拌入打發好的蛋糖混合物。輕柔拌入蛋白。麵糊倒入蛋糕模圈,高度應該只有將近 1 公分。烘烤約 15 分鐘,直到牙籤插入中心後未沾黏麵糊。移到鐵架上,移開模圈,放涼到常溫。使用餅乾圓模切出 6 個圓片。

製作糖漬紅蘿蔔

紅蘿蔔清洗、削皮,使用切片器將不同顏色的紅蘿蔔分別切薄片。將糖和水放入大型湯鍋中,以中大火溶解煮沸,煮成糖漿。將糖漿平分到三個小型湯鍋(每個容量約 3/4 杯／200 毫升)中,以小火個別烹煮三種顏色的紅蘿蔔,煮成糖漬紅蘿蔔。放涼。

製作紅蘿蔔凍

吉利丁片泡在冷水中軟化。將紅蘿蔔汁、糖和洋菜粉放入小型湯鍋中煮沸,接著離火。擠出吉利丁片的水分,拌入使其融化。倒薄薄一層到有邊烤盤上,放涼,放進冰箱凝固。使用餅乾圓模切出 6 個圓片。

製作杏桃汁

將玉米粉拌入 2 大匙冷水,拌到滑順。將杏桃泥放入小型湯鍋中加熱,拌入糖和稀釋的玉米粉。煮沸,不斷攪拌到想要的濃稠度。放涼,移到滴管或醬料瓶。

製作馬斯卡彭奶霜

將馬斯卡彭乳酪、鮮奶油、糖和香草籽放入裝有打蛋器的直立式攪拌機鋼盆,打到濕性發泡,冷藏,接著放入擠花袋。

組合

將一片紅蘿蔔凍放在一片蘿蔔蛋糕上。剪掉擠花袋尖端,在上面擠出小坨的馬斯卡彭奶霜。將糖漬紅蘿蔔小心擺放在奶霜上,使用三色堇花瓣和蒜花裝飾。旁邊放一大球雪酪,頂端放一些紅蘿蔔葉子,形成「紅蘿蔔」造型。在每一個盤子上擠出一點杏桃汁。

牧草馬鈴薯奶油義大利麵

Pomme de terre à la carbonara au foin

10 人份

活躍時間
1 小時

醃漬時間
1 小時

烹煮時間
1 小時

設備
螺旋刨絲器
烤肉叉
洞洞烤盤
蒸烤箱或蒸鍋

食材

滷蛋
蛋黃 10 顆
足夠覆蓋蛋黃的醬油

馬鈴薯義大利麵
Agria 等粉質品種的馬
鈴薯 5 大顆

洋蔥
奶油 2 小匙（10 公克）
10 大顆白洋蔥的底部
（根部那一頭）
糖 2.5 小匙（10 公克）
鹽 1 撮

煙燻豆腐條
煙燻豆腐 200 公克

牧草鮮奶油
鮮奶油 2.5 杯（600 毫
升），至少 35% 脂肪
食品級牧草 1 把

上菜
現刨帕瑪森乳酪 200 公
克
蝦夷蔥蔥花
現磨黑胡椒

製作滷蛋
上菜前 1 小時，將蛋黃放在盤子上，倒入足夠覆蓋蛋黃的醬油，放進冰箱醃漬。

製作馬鈴薯義大利麵
馬鈴薯削皮，使用螺旋刨絲器刨成麵條狀的長條。沖洗乾淨，泡在一大碗冷水中備用，上菜前再蒸熟。

準備洋蔥
將奶油放入鍋中融化，放入洋蔥底部，蓋上蓋子煮軟。倒入足夠覆蓋洋蔥的水，拌入糖和鹽，開鍋煮到液體收汁，洋蔥底部出現光澤，變得非常軟。

製作煙燻豆腐條
將煙燻豆腐切成細條，不加油，放入煎鍋以中大火煎到酥脆。

製作牧草鮮奶油
將鮮奶油和牧草放入湯鍋中，以中火加熱，溫和微滾到鮮奶油收乾一半。過篩，保溫。

組合
上菜前，瀝乾馬鈴薯「義大利麵」，用烤肉叉形塑成 10 小堆，放在洞洞烤盤上，使用蒸烤箱或蒸鍋烹煮 3–4 分鐘，或直到半熟為止。將一個洋蔥底部放在每一個盤子的中央，倒入不少牧草鮮奶油。將馬鈴薯堆擺放在上面，接著小心撈出蛋黃放在馬鈴薯堆頂端。灑上豆腐條，用現磨黑胡椒調味，灑上大量帕瑪森乳酪絲和蝦夷蔥蔥花。

馬鈴薯、生烏魚沙拉和紫蘇天婦羅

Chartreuse de pommes de terre, tartare de mulet noir et tempura de shiso

6 人份

活躍時間
45 分鐘

烹煮時間
20 分鐘

設備
蘋果去核器
打沫勺
奶油發泡器和 2 顆氣彈
油炸鍋和油炸籃
直徑 6 公分的餅乾圓模

食材

馬鈴薯
蠟質馬鈴薯 1 公斤
甲殼海鮮高湯 4 杯（1 公升）
番紅花數根

生烏魚沙拉
烏魚片 500 公克
薑 30 公克
蝦夷蔥 1/2 把
綠紫蘇 1 片
濱紫草（生蠔葉）7 片
味噌 30 公克
柚子汁 2 小匙（10 毫升）
清酒 2 小匙（10 毫升）

優格柚子奶泡
吉利丁片 2.5 片（3 公克）
牛奶近 1/4 杯（50 毫升）
原味優格 1.5 杯（350 公克）
鮮奶油近 1/2 杯（100 毫升），至少 35% 脂肪
柚子汁 4 小匙（20 毫升）
細海鹽

紫蘇天婦羅
氣泡水 3/4 杯（200 毫升）
蛋黃 1 顆
中筋麵粉 3/4 杯又 3 大匙（110 公克）
紫蘇葉 6 大片
玉米粉逾 1/3 杯（60 公克）
花生油，油炸用
細海鹽

組合
蝦夷蔥莖部 6 長條
琉璃苣 6 朵
七味唐辛子

準備馬鈴薯

馬鈴薯清洗、削皮。使用蘋果去核器切成圓條。將甲殼海鮮高湯倒入大型湯鍋，以小火加熱，放入番紅花。馬鈴薯烹煮約 10 分鐘，使刀子可以刺入。用打沫勺撈出，放涼。

製作生烏魚沙拉

將烏魚片切成一致的小丁。把薑削皮磨泥，清洗蝦夷蔥，接著切或剪成末（參見第 54 頁的大廚筆記）。清洗綠紫蘇和濱紫草，並切末。將味噌、薑泥、蝦夷蔥、綠紫蘇、濱紫草、柚子汁和清酒結合在一起，跟烏魚丁混合。冰進冰箱備用。

製作優格柚子奶泡

吉利丁片泡在冷水中軟化。將牛奶放入湯鍋，以中火加熱，拌入優格、鮮奶油和柚子汁，用鹽調味。當液體變熱但未煮沸時，離火。擠出吉利丁片的水分，拌入使其完全融化。倒入奶油發泡器，裝上氣彈，冷藏備用。

製作紫蘇天婦羅

將水、蛋黃和麵粉混合在一起。將紫蘇葉放在玉米粉中沾裹，以吸收任何水氣，順利沾裹天婦羅麵糊。放入天婦羅麵糊沾裹。炸油加熱到 180℃，油炸紫蘇葉幾分鐘，直到金黃酥脆。放在紙巾上瀝乾，用鹽調味。保溫。

組合

把餅乾圓模放在盤子上，將馬鈴薯圓條沿著內緣直立排成一個圈。舀一些生烏魚沙拉到圓圈內，小心移開圓模，使用蝦夷蔥莖部綁著馬鈴薯圓條以便固定，上面擺放琉璃苣。重複同樣的動作，使用剩下的食材完成其他五份。在每一個盤子上放一片紫蘇天婦羅。使用奶油發泡器擠出少許優格柚子奶泡，灑上一些七味唐辛子。

莫爾比耶乳酪焗烤馬鈴薯和洋菇

Gratin de pommes de terre et champignons au morbier

6 人份

活躍時間
30 分鐘

烹煮時間
1.5 小時

設備
切片器
大型陶瓷深烤盤
打沫勺

食材

蠟質馬鈴薯 2 公斤
蒜頭 2 瓣
奶油 7 大匙（100 公克），
分成兩份
洋菇 300 公克
莫爾比耶乳酪（或是其
他半硬質牛乳乳酪，如
瑞士的瑞克雷乳酪和弗
里堡乳酪或義大利的芳
堤娜乳酪）400 公克
低脂牛奶 1 又 1/4 杯
（300 毫升）
鮮奶油 3 又 1/4 杯（800
毫升），至少 35% 脂肪
現磨肉豆蔻
細海鹽和現磨黑胡椒

製作焗烤
清洗馬鈴薯並削皮，使用切片器切薄片。切片後勿清洗。

蒜頭去皮、切末（參見第 56 頁技巧）。使用 3 大匙（50 公克）奶油搓揉深烤盤，底部灑上蒜末。

清洗洋菇（參見第 35 頁技巧）並切片。在煎鍋中融化剩下的奶油，煎炒洋菇，用鹽和胡椒調味。使用打沫勺撈出瀝乾。

烤箱預熱到 160℃。將馬鈴薯和洋菇交替排在這個可進烤箱的深烤盤，每一層都用鹽和胡椒調味。乳酪切小塊。將牛奶和鮮奶油倒入鋼盆混合，拌入肉豆蔻。倒在馬鈴薯和洋菇上，灑上乳酪塊，烘烤 1.5 小時，或直到刀子可以刺入中央。

焗烤成品必須非常鬆軟，牛奶和鮮奶油液體大量收汁，且頂層呈現漂亮金褐色。

大廚筆記

莫爾比耶乳酪源自法國東部的莫爾比耶村，
最容易辨識的特徵就是中間的那一條黑線，
那原本是灰燼，但現在通常是使用植物染色的結果。

綿密馬鈴薯泥佐青蔥巴西利

Pomme purée à la cive et persil plat

6 人份

活躍時間
20 分鐘

烹煮時間
30 分鐘

設備
打沫勺
鍋架式搗泥器

食材
粉質馬鈴薯 2 公斤
低脂牛奶 1 又 1/4 杯
（300 毫升）
奶油 1 又 3/4 條（200 公克），切丁
鮮奶油 1 又 2/3 杯（400 毫升），至少 35% 脂肪
肉豆蔻
粗海鹽
細海鹽和現磨黑胡椒

上菜
平葉巴西利 1 把，清洗並切末
蔥或蒜苗 1 把，去尾後再切片
香草風味的橄欖油

製作馬鈴薯泥

清洗馬鈴薯並削皮，切對半。放入大型湯鍋中，倒入足夠覆蓋的冷水，加一大撮粗海鹽，以大火煮沸，撈掉表面的浮沫。轉小火微滾，煮到刀子刺得過去為止。加熱牛奶。瀝乾馬鈴薯，讓它們在自己的蒸氣中晾乾一下。趁熱倒進搗泥器壓成泥。使用刮刀拌入奶油丁，接著拌入鮮奶油和溫牛奶。磨一些肉豆蔻進去，用鹽和胡椒調味。

上菜

將馬鈴薯泥舀進漂亮的盤子中，灑上巴西利末和蔥花或蒜苗片。淋上幾滴香草風味的橄欖油。

大廚筆記

假如把馬鈴薯切成小塊烹煮，可能吸收太多水分，壓成泥時會有Q彈質地。

新橋薯條沾舌形紅甜椒番茄醬

Pommes Pont-Neuf, ketchup piquillos

6 人份

活躍時間
25 分鐘

烹煮時間
40 分鐘

設備
果汁機
打沫勺
油炸鍋和油炸籃
溫度計

食材

舌形紅甜椒番茄醬
蒜頭 1 瓣
薑 30 公克
黑糖 1 杯（200 公克）
Banyuls 醋 1 杯（250 毫升）
罐頭舌形紅甜椒 500 公克，充分瀝乾

新橋薯條
蠟質、粉質均衡的馬鈴薯 2 公斤，如育空黃金馬鈴薯
炸油 8.5 杯（2 公升）
鹽之花
艾斯佩雷辣椒粉

製作舌形紅甜椒番茄醬

蒜頭去皮、去芽、切末。薑削皮、磨泥。將糖放入煎鍋，以小火慢慢融化，接著加入醋微滾，做成酸甜醬汁。拌入蒜和薑，放入舌形紅甜椒，溫和微滾 30 分鐘左右。移到果汁機攪打滑順。根據個人口味（想要沾醬辣或甜）調味。

製作新橋薯條

清洗馬鈴薯並削皮，切成 1.5 公分寬、7 公分長的粗條。將一大鍋水煮沸，速燙馬鈴薯，撈掉表面浮沫。瀝乾，用紙巾徹底擦乾。炸油加熱到 180℃，將馬鈴薯炸到金褐。放在紙巾上瀝乾，用鹽之花和艾斯佩雷辣椒粉調味。

上菜

將新橋薯條放在烘焙紙紙筒中，並把舌形紅甜椒番茄醬放在碗中沾食。

大廚筆記

番茄醬放在保鮮盒，
可放進冰箱保存數天。

地瓜洋芋千層蛋糕

Patates douces façon pommes moulées

6 人份

活躍時間
1.5 小時

烹煮時間
1 小時

設備
打沫勺
切片器
直徑 7 公分的餅乾圓模
直徑 4 公分的餅乾圓模
直徑 15 公分的夏洛特蛋糕模 2 個（參見大廚筆記）

食材

澄清奶油
微鹽奶油 1 條又 2 大匙（150 公克）

地瓜洋芋千層蛋糕
蠟質馬鈴薯 2.5 公斤，如夏洛特馬鈴薯
黃地瓜 2 大顆
阿爾卑斯山系乳酪或其他半硬質乳酪 250 公克
鹽和現磨黑胡椒

製作澄清奶油

將奶油放入厚底鍋，以小火融化。撈掉白沫，將清澈的黃色奶油層倒入罐子裡，不要倒入底部的乳白殘渣。

製作地瓜洋芋千層蛋糕

馬鈴薯和地瓜清洗、削皮，使用切片器切成 5 公釐的厚片。用直徑 7 公分的圓模切出一片地瓜圓片，用在蛋糕最上層。使用直徑 4 公分的圓模將剩下的厚片切成圓片。將馬鈴薯和地瓜分別放入兩鍋無鹽的滾水中速燙 2–3 分鐘，釋出一些澱粉會比較容易組合千層蛋糕。瀝乾但不冰鎮。

組合

烤箱預熱到 250℃，將烤盤放進烤箱裡一起加熱。將其中一個夏洛特蛋糕模刷上澄清奶油。把較大的地瓜片放在模具底部中央，接著在底部剩餘空間排一圈重疊的地瓜片。刨一些乳酪到中央，排一圈馬鈴薯片，就這樣繼續交替疊加馬鈴薯和地瓜片，每一層都排一圈重疊的切片並改變排列方向。每一層都用另一個夏洛特蛋糕模的底部用力壓實，然後再排下一層。每一層都刷上澄清奶油，充分調味，刨一些乳酪到中央。將填滿的模具放進烤箱的熱烤盤上，溫度降到 230℃，烘烤 5 分鐘。溫度降到 200℃，續烤 20 分鐘，讓頂層充分上色。覆蓋一張鋁箔紙，續烤 20 分鐘。靜置幾分鐘，讓每一層的溫度均勻分散，再小心地脫模到盤子上。

大廚筆記

其中一個夏洛特蛋糕模是用來烤蛋糕的，
另一個則是在你堆疊蛋糕時，用來壓實切片的。
如果你沒有另一個蛋糕模，
也可以使用直徑跟蛋糕模一樣的盤子。

大茴香白蕪菁餃子和慢煮鱈魚

Ravioles de navet blanc à l'anis et cabillaud confit à l'huile d'olive

10 人份

活躍時間
1.5 小時

醃漬時間
12 小時

烹煮時間
1 小時

設備
細目篩網
速顯溫度計
手持式攪拌機
切片器
適合蕪菁大小的餅乾模
均質機
蒸烤箱或蒸鍋
小花造型餅乾模

食材

檸檬醬
檸檬 10 顆
猶太鹽 2.5 小匙（10 公克）
細砂糖 1 杯又 2 大匙（220 公克）

慢煮鱈魚
橄欖油 6 杯（1.5 公升）
帶皮鱈魚片 10 片

黑醋栗奶油
黑醋栗泥（或藍莓泥）100 公克
軟化奶油 7 大匙（100 公克）

餃子
長形白蕪菁 1.2 公斤
鮮奶油 近 1/2 杯（100 毫升），至少 35% 脂肪
低脂牛奶 1 又 2/3 杯（400 毫升）
奶油 4 大匙（60 公克）
大茴香粉些許

裝飾
紅心白蘿蔔 6 條
細砂糖 1 又 1/4 小匙（5 公克）
無鹽奶油 2 小匙（10 公克）
細海鹽 1 撮
黑醋栗（或藍莓）50 顆

製作檸檬醬

將其中一顆檸檬切成非常薄的薄片。把切片鋪在一個淺盤上，灑上鹽，放進冰箱醃漬 12 個小時。剩下的檸檬削皮，切除所有白色部分，接著將果肉切成厚片。放入湯鍋，加糖，以小火煮到糖融化。轉中火，微滾 20 分鐘。瀝乾，將果泥壓過細目篩網，放涼。沖洗鹽漬檸檬片，切末，拌入篩好的檸檬泥。備用。

製作慢煮鱈魚

烤箱預熱到 80℃。將橄欖油倒入可進烤箱的深烤盤中，放進烤箱 20 分鐘。沖洗鱈魚片，用紙巾拍乾，單層鋪在烤箱裡的深烤盤，確保鱈魚被油覆蓋。將溫度計探針刺入其中一片鱈魚，烹煮到核心溫度達 51℃。充分瀝乾鱈魚片，保溫備用。

製作黑醋栗奶油

將黑醋栗泥（或藍莓泥）和軟化奶油攪打得非常滑順。夾在兩張烘焙紙之間，擀成 2–3 公釐的厚度，平放在冷凍庫中。

製作餃子

白蕪菁削皮，使用切片器切成 60 片非常薄的薄片，多餘的部分保留下來。使用餅乾模將切片切成完美的圓形，多餘的部分同樣保留下來。將多餘的蕪菁、鮮奶油、牛奶、奶油和大茴香一起放入湯鍋煮軟，接著使用均質機攪打成硬挺的慕斯琳乳霜。放入湯鍋以小火煮乾幾分鐘，期間使用木湯匙大力攪拌，以蒸散多餘的水分。將蕪菁片放進 100℃ 的蒸烤箱或蒸鍋中烹煮約 1 分鐘到軟（參見第 92 頁技巧）。舀一些慕斯琳乳霜到每一個蕪菁片上，折起三邊或四邊，以包住內餡，邊緣壓實密封。

裝飾

將紅心白蘿蔔使用蘋果去核器切成 60 個圓條。放入湯鍋中，倒入足夠覆蓋一半食材的水。放入糖、奶油和鹽，以小火溫和烹煮收汁，使白蘿蔔出現光澤。使用小花造型餅乾模將冷凍黑醋栗奶油壓出花朵形狀，在每一個盤子上放幾朵，使其回溫。在每一個盤子上放一片鱈魚（魚皮朝上），擺放 6 個紅心白蘿蔔圓條，上面放一個蕪菁餃子。最後再灑上一些黑醋栗（或藍莓），搭配檸檬醬食用。

海鹽櫻桃蘿蔔佐蘿蔔葉奶油

Radis rose, croque-au-sel et beurre de fanes

6 人份

活躍時間
25 分鐘

烹煮時間
5 分鐘

冷藏時間
數小時（非必要）

設備
均質機
擠花袋和貝殼花嘴

食材

櫻桃蘿蔔
櫻桃蘿蔔 3 把
粗海鹽 2.5 小匙（10 公克）

蘿蔔葉奶油
無鹽奶油 1 條又 2 大匙（150 公克），切丁放在常溫
鹽之花
現磨黑胡椒

準備櫻桃蘿蔔

拔掉櫻桃蘿蔔的葉子，切除根部。將葉子和蘿蔔放入冷水中清洗備用。如果想要把蘿蔔變得更漂亮，可以在蘿蔔上垂直劃幾刀，放入一碗冰塊水。冷藏數小時，蘿蔔就會像花朵般打開。

製作蘿蔔葉奶油

將蘿蔔葉以英式滾燙法汆燙（參見第 90 頁技巧）。瀝乾、冰鎮，擠掉葉子多餘的水分。軟化奶油，跟放涼的蘿蔔葉一起攪打滑順，用鹽之花和現磨黑胡椒調味。舀進裝有貝殼花嘴的擠花袋，冰到奶油變硬，可以擠花。

上菜

在盤子上擠出貝殼形狀的蘿蔔葉奶油。放一些鹽之花在小碗中，一起上菜。瀝乾櫻桃蘿蔔，放在餐巾或餐盤上，吃的時候先沾鹽巴、再沾奶油。

彩色醃蘿蔔

Pickles de radis multicolores

6 人份

活躍時間
45 分鐘

烹煮時間
10 分鐘

熟成時間
3 天

設備
容量 1 公升殺菌過的醃漬罐

食材

白蘿蔔
各色白蘿蔔 2 把

醃汁
薑 50 公克
蒜頭 5 瓣
蘋果醋 2 杯（500 毫升）
細砂糖 3/4 杯（150 公克）
香菜籽 2 大匙（10 公克）
黑胡椒粒 1 大匙（10 公克）
丁香 6 顆
月桂葉 2 片
百里香 1/4 把
杜松子 2 小匙（5 公克）
孜然籽 1.5 小匙（5 公克）

準備白蘿蔔

切掉白蘿蔔頭尾，清洗乾淨。縱切對半，放入罐子裡，不要塞得太緊。

製作醃汁

把薑削皮切末。蒜頭去皮，蒜瓣完整保留。將蘋果醋、糖、香菜籽、胡椒、丁香、月桂葉、百里香、薑、杜松子、蒜頭和孜然籽放入湯鍋中，慢慢煮沸，偶爾攪拌到糖融化。滾煮 5 分鐘，離火放涼。

醃蘿蔔裝罐

將放涼的醃汁倒入罐子裡裝滿，覆蓋白蘿蔔。關起來，倒著放以排掉空氣。熟成至少三天再吃。

大廚筆記

這些醃蘿蔔很適合搭配
冷盤肉品和醃燻食品食用。

慢煮小牛佐根芹菜麵條

Tagliatelles de céleri et son jarret de veau

10 人份

活躍時間
1 小時

醃漬時間
1 夜

烹煮時間
1 又 3/4 到 2 小時

設備
堅果鉗
研杵研缽
螺旋切片器
烤肉叉

食材

小牛膝
小牛膝 2 塊
焦香奶油 50 公克
百里香花 6 朵
松露汁 3 大匙（50 毫升）
小牛汁 2 杯（500 毫升）

松露核桃醬
核桃 20 顆
松露汁 2 大匙（30 毫升）
葡萄籽油 1/4 杯（60 毫升）
熟成紅酒醋 1 小匙（5 毫升）
鹽和現磨黑胡椒

根芹菜麵條和醬汁
根芹菜 1 顆
1/2 顆檸檬的汁
鮮奶油 1 又 2/3 杯（400 毫升），至少 35% 脂肪
現刨帕瑪森乳酪 30 公克
黑松露塊 20 公克

上菜
蝦夷蔥 1 把
現刨帕瑪森乳酪 30 公克
黑松露削片數片（非必要）
麵包丁 100 公克

準備小牛膝

前一天將小牛膝跟其他食材一起放入碗中，醃漬一夜。隔天，烤箱預熱到 160℃。小牛膝連同醃汁一起用鋁箔紙緊緊包住，放進烤箱烹煮 1.5 個小時。小牛膝繼續放在鋁箔紙中保溫。

製作松露核桃醬

核桃去殼，使用研杵研缽將果仁和松露汁一起搗成泥。使用打蛋器拌入葡萄籽油和醋，用鹽和胡椒調味。

製作根芹菜麵條和醬汁

根芹菜削皮，使用螺旋切片器切成緞帶狀的長條。放入一碗加了檸檬汁的水中，防止變色。將鮮奶油放入大型湯鍋中，以中火收掉約三分之一的量。拌入帕瑪森乳酪和黑松露碎塊。根芹菜麵條放進 100℃ 的蒸烤箱或蒸鍋中烹煮 4 分鐘。放入鍋中，拌進鮮奶油醬汁。用烤肉叉形塑成數小堆，保溫備用。

上菜

清洗蝦夷蔥，接著切或剪成末（參見第 54 頁的大廚筆記）。將一塊小牛膝和一堆根芹菜麵條放在每一個盤子上，在麵條上灑上帕瑪森乳酪和蝦夷蔥。放幾片松露削片（若有使用）和麵包丁，搭配松露核桃醬和一點小牛膝醃汁食用。

歐防風烤布蕾

Crème brûlée aux panais

6 人份

活躍時間
1 小時

冷凍時間
1 小時

烹煮時間
1.5 小時

設備
蜂巢圖案的矽膠烘焙墊
直徑 5 公分、高度 4 公分的甜點圈 6 個
鍋架式搗泥器
手持式攪拌機
均質機
直徑 5 公分、高度 4 公分的漩渦矽膠模 6 個
溫度計
噴槍

食材

餅乾圈
糖粉 1/4 杯（35 公克）
無鹽奶油 2.5 大匙（35 公克）
稍微打散的蛋白 1 顆
中筋麵粉 1/3 杯（35 公克）
黃色食用色素粉 1 撮（非必要）

歐防風烤布蕾內餡
歐防風 100 公克
鮮奶油 1 又 2/3 杯（400 毫升），至少 35% 脂肪
蛋黃 8 顆
細砂糖 1.5 大匙（20 公克）
海鹽 1 撮
艾斯佩雷辣椒粉

帕林內卡士達
蛋黃 6 顆
細砂糖近 1/2 杯（80 公克）
低脂牛奶 2 杯（500 毫升）
帕林內醬 2 大匙（30 公克）

上菜
黑糖，最後灑一點
青蘋果 1 顆
焦糖榛果 15–18 顆
一般的濃稠卡士達醬些許（非必要）
食用金箔

製作餅乾圈

烤箱預熱到 160℃，在烤盤上鋪蜂巢圖案的矽膠烘焙墊。將所有食材混合均勻，鋪在烘焙墊上，放進烤箱烘烤 6 分鐘。脫模，切成 6 條 2–3 公分寬、16 公分長的條狀。放回烤箱續烤 3 分鐘，將長條貼著直徑 5 公分的甜點圈繞圈，使其放涼變硬。烤箱繼續開著，將溫度下降到 80℃。

製作歐防風烤布蕾

歐防風清洗、削皮、切塊，以英式滾燙法汆燙（參見第 90 頁技巧）。瀝乾，倒進搗泥器壓成泥。將鮮奶油放入大型厚底鍋，以中火煮沸。同一時間，使用打蛋器將蛋黃和糖打到顏色變淡。一邊緩緩倒入鮮奶油，一邊不斷攪拌混合。放入歐防風泥，使用均質機攪打，用鹽和一些艾斯佩雷辣椒粉調味。將一部分烤布蕾內餡倒入漩渦模，烘烤 20 分鐘。拿出烤箱，放涼，放進冷凍庫 1 小時，這樣比較容易脫模。烤盤上鋪一張烘焙紙，放上甜點圈，將剩下的烤布蕾內餡平均分裝到甜點圈內，高度約 3 公分。使用耐熱保鮮膜貼面，放進 80℃ 的烤箱烘烤 45 分鐘，使其凝固。放涼，接著把冷凍的漩渦烤布蕾放在上面。

製作帕林內卡士達

使用打蛋器將蛋黃和糖打到顏色變淡。將牛奶和帕林內醬放入湯鍋，一邊以中火煮沸，一邊攪拌混合。將一些熱牛奶液體拌入打發好的蛋黃和糖，再一起倒回湯鍋中。轉小火，不斷攪拌，直到溫度達到 85℃，能夠在湯匙背面裹上一層醬。將卡士達醬篩入碗中，用保鮮膜貼著表面，以免薄膜形成。放涼，冰進冰箱。

上菜

灑一些黑糖到漩渦烤布蕾上，用噴槍使其稍微焦糖化。將烤布蕾放在每一個盤子或淺碗中，用餅乾圈圍著。將蘋果削皮、去核，切成棒狀，榛果剖半。將帕林內卡士達舀到烤布蕾四周，想要的話可以用一般的濃稠卡士達醬畫出漂亮的邊界，接著放上榛果。最上面放一些青蘋果和食用金箔。

瑞典蕪菁泡菜
Choucroute de rutabaga

6 人份

活躍時間
20 分鐘

烹煮時間
20 分鐘

設備
旋轉切片器

食材
瑞典蕪菁 8 顆
甜洋蔥 3 顆
鵝油或鴨油 5 大匙（60
公克），分成兩份
乾型阿爾薩斯白酒或其
他乾型白酒 1 又 1/4 杯
（300 毫升）
白色雞高湯 1 又 1/4 杯
（300 毫升）
杜松子 10 顆
丁香 1 顆
百里香 2 枝，外加額外
裝飾用的
月桂葉 1 片
蒜頭 1 瓣，未去皮
糖 1 撮
鹽和現磨黑胡椒

製作泡菜

瑞典蕪菁清洗、削皮，剝除洋蔥外層。洋蔥切薄片（參見第 55 頁技巧）。

使用旋轉切片器將瑞典蕪菁切成約 2 公分寬、15 公分長的切片。

將一半的鵝油或鴨油放入煎鍋融化，翻炒洋蔥，但不要上色。洋蔥炒到非常軟的時候，嗆入白酒。讓酒收乾，再倒入雞高湯。微滾約 10 分鐘，然後備用。

將剩下的鵝油或鴨油放入另一個煎鍋融化，放入瑞典蕪菁、杜松子、丁香、百里香、月桂葉、完整蒜瓣和糖。用鹽和胡椒調味，蓋上蓋子，烹煮 10 分鐘。

將洋蔥拌入瑞典蕪菁，微滾 10 分鐘。

上菜

用兩個叉子將瑞典蕪菁泡菜堆在碗中，淋上烹煮的汁液。使用百里香裝飾。

甜菜沙拉佐松露油醋醬

Salade de betteraves crues et cuites, vinaigrette truffée

10 人份

活躍時間
2 小時

烹煮時間
2 小時

設備
直徑 3 公分的餅乾圓模
矽膠烘焙墊 2 張
細目篩網
均質機
直徑 14 公分的塔圈

食材

生和熟甜菜根
黃色甜菜根 2 顆
蒜頭 1 瓣，未去皮
百里香 1 枝
橄欖油 3 大匙（50 毫升）
Chioggia 迷你雙色甜菜
根 1 顆
帶葉迷你甜菜根 10 顆
糖 2.5 大匙（30 公克）
奶油 2 大匙（25 公克）
鹽之花
現磨黑胡椒

麵包脆片
5 公釐厚的吐司片 4 片
融化奶油 4 小匙（20
公克）

裝飾
葉用甜菜嫩葉 40 片
甜菜根嫩葉 40 片
有機蛋 4 顆
鵪鶉蛋 10 顆
蝦夷蔥 1 把
小馬鈴薯 15 顆

松露油醋醬
細鹽 1/2 小匙
現磨黑胡椒 1/4 小匙
雪莉醋 4 小匙（20 毫升）
紅酒醋 2 小匙（10 毫升）
松露汁 1 大匙又 2 小匙
（25 毫升）
花生油 2/3 杯（150 毫升）
黑松露碎塊 3 大匙

上菜
黑松露削片數片（非必
要）

準備生和熟甜菜根

烤箱預熱到 180℃。將整顆的黃色甜菜根、蒜頭和百里香包在烘焙紙裡面，淋上橄欖油，封緊，烘烤 1 小時。打開烘焙紙，將煮熟的甜菜根削皮，切成 2 公分的塊狀。將生的雙色甜菜根切薄片，使用餅乾模壓片。將甜菜根片放進冰塊水中。將迷你甜菜根、糖、奶油、鹽和胡椒放入煎鍋，煎鍋裝滿一半的水，蓋上蓋子，以小火煮到水分收汁，甜菜根呈現光澤但未上色。烤箱溫度下降到 170℃。

製作麵包脆片

使用餅乾模將吐司片切成 10 個圓片，刷上奶油。放在兩張矽膠烘焙墊之間，烘烤數分鐘，使其變得金黃。備用。

準備裝飾

清洗葉用甜菜和甜菜根葉並甩乾。將有機蛋放入一鍋滾水中水煮 10 分鐘，使其全熟。剝掉蛋殼，壓過細目篩網。使用不沾鍋煎鵪鶉蛋。清洗蝦夷蔥，接著切或剪成末（參見第 54 頁的大廚筆記）。把馬鈴薯修成紡錘狀（參見第 78 頁技巧），以英式滾燙法燙軟（參見第 90 頁技巧）。

製作松露油醋醬

將松露碎塊以外的所有食材放入鋼盆，使用均質機攪打混合。上菜前，拌入松露碎塊。將生和熟甜菜根與油醋醬混合，保留一些在上菜時淋在盤子四周。

上菜

將塔圈放在盤子上，鋪一層過篩好的蛋泥和蝦夷蔥。移開塔圈，其他盤子也重複這些動作完成。將使用油醋醬調味的甜菜根沙拉平均分裝到每一個盤子上，將煎鵪鶉蛋、紡錘狀馬鈴薯、麵包脆片和松露削片（若有使用）優美地擺放在上面。用鹽之花和現磨黑胡椒調味，將保留的油醋醬淋在盤子四周。

小豆蔻甜菜根和煙燻梭鱸魚

Betterave à la cardamome et sandre fumé minute

10 人份

活躍時間
2 小時

醃漬和乾燥時間
36 小時

烹煮時間
1 小時

設備
切片器
餅乾圓模（大小視甜菜
根的大小而定）
煙燻玻璃罩 10 個

食材

醃漬梭鱸魚
細海鹽1.5 杯（400公克）
猶太鹽1.5 杯（400公克）
細砂糖 2 杯（400公克）
梭鱸魚切片 1 公斤
小豆蔻豆莢 10 根
甜菜汁 1 又 1/4 杯（300
毫升）

甜菜片
紅色甜菜根 2 顆
熟成紅酒醋近 1/2 杯
（100 毫升）
雪莉醋近 1/2 杯（100 毫
升）
小豆蔻豆莢數根
橄欖油

小甜菜根
各色小甜菜根 1 把
蒜頭 2 瓣
百里香 2 枝
橄欖油些許

上菜
法式酸奶油
榆錢菠菜 1 把
可食紫色酢漿草 1 把
牧草

製作醃漬梭鱸魚

這要分成兩個階段。在大盤子裡混合兩種鹽和糖，抹在魚片上。使用保鮮膜包住盤子，冷藏一夜。隔天，徹底沖掉魚片上的鹽和糖，放在紙巾上，接著放進冰箱乾燥 12 個小時。稍微壓碎小豆蔻豆莢，拌入甜菜汁。將魚片放回盤子上，倒入甜菜汁，放進冰箱醃製一夜。

製作甜菜片

甜菜根削皮，使用切片器切薄片，再用餅乾模切成圓片。在鋼盆中混合兩種醋，放入甜菜片，放進冰箱醃漬 12 個小時，跟魚片進行第二次醃漬同時。在一個碗的上方瀝乾甜菜片，接住瀝出的醃汁，甜菜片備用。稍微壓碎小豆蔻豆莢。將醃汁倒入小型厚底鍋，放入小豆蔻豆莢，以小火收乾一些液體。過篩，使用打蛋器混合足夠製作油醋醬的橄欖油。

準備小甜菜根

烤箱預熱到 180℃。使用切片器將小甜菜根切出一些薄片，放進冰塊水中備用。蒜瓣去皮，完整保留。將剩下的甜菜根、蒜瓣、百里香和一些橄欖油使用烘焙紙包起來，烘烤約 45 分鐘，使其變軟。

上菜

將甜菜片捲成圓筒，填入法式酸奶油，平均分給每一個盤子。梭鱸魚切成薄片，跟烤小甜菜根一起優美地擺放在盤子上。用一些榆錢菠菜、紫色酢漿草和備用的小甜菜根薄片裝飾。上菜前，燃燒牧草，在每一個盤子上方放置玻璃罩，以困住煙霧。

菊芋燉飯

Risotto de topinambour en coque de pain

6 人份

活躍時間
1 小時

烹煮時間
1 小時

設備
擀麵棍或金屬管
均質機
手持式攪拌機
切片器
油炸鍋和油炸籃
溫度計

食材

麵包殼
奶油 1/2 杯（125 公克）
2 公釐厚的吐司切片 6 片

菊芋燉飯
菊芋 6 顆
紅蔥頭 1 顆
奶油 7 大匙（100 公克），
分成兩份
熱 的 白 色 雞 高 湯 1 又
2/3 杯（400 毫升）
現刨帕瑪森乳酪 80 公克
蝦夷蔥 1/4 把
鹽和現磨黑胡椒

菊芋泥
煮熟的菊芋 200 公克
奶油 3 大匙（50 公克）
鮮奶油近 1/4 杯（50 毫
升），至少 35% 脂肪
鹽和現磨黑胡椒

菊芋脆片
菊芋 1 顆
炸油

上菜
義大利培根 6 片
有香味的天竺葵花朵和
葉子各 6 朵／片
巴薩米克醋（非必要）

製作麵包殼

製作澄清奶油，將奶油放入厚底鍋，以小火融化。撈掉白沫，將清澈的黃色奶油層倒入罐子裡，不要倒入底部的乳白殘渣。麵包殼會需要 100 公克的澄清奶油。烤箱預熱到 160℃。將吐司片切成 10 公分乘 15 公分的長方形 6 個。擀麵棍包覆鋁箔紙（或使用直徑相近的金屬管）。吐司片刷上澄清奶油，順著擀麵棍塑形，烘烤 20 分鐘，使其金黃酥脆。小心地將麵包殼移開擀麵棍。

製作菊芋燉飯

清洗菊芋，並削皮、切小丁（參見第 60 頁技巧）。剝除紅蔥頭外層，切末（參見第 56 頁技巧）。將 4 大匙（60 公克）奶油放入煎鍋，以小火融化，翻炒紅蔥頭，使其軟化變透明。放入菊芋丁，轉中火，慢慢倒入雞高湯，一次倒一勺，每次都等高湯蒸發後再倒入。重複這個動作，直到菊芋煮軟。離火，拌入帕瑪森乳酪。清洗蝦夷蔥，接著切或剪成末（參見第 54 頁的大廚筆記），跟剩下的 3 大匙（40 公克）奶油一起放入燉飯，用鹽和胡椒調味。使用麵包殼盛裝燉飯，放進 100℃的烤箱中保溫。

製作菊芋泥

菊芋壓泥，接著使用均質機跟奶油一起攪打滑順。用鹽和胡椒調味。鮮奶油打到濕性發泡，輕柔拌入菊芋泥。

製作菊芋脆片

菊芋削皮、清洗，使用切片器切成薄片。用紙巾拍乾。炸油加熱到 130℃，將菊芋片炸到金黃。在鋪有紙巾的盤子上瀝乾。

上菜

將麵包殼拿出烤箱，溫度上升到 160℃。烤盤上鋪一張烘焙紙，把義大利培根放在上面。再用一張烘焙紙覆蓋，放另一個烤盤在上面。放進烤箱烘烤 8 分鐘。在每一個盤子中央將一些菊芋泥形塑成長方形，旁邊再放一坨泥。將填滿燉飯的麵包殼放在上面，再擺放天竺葵的花朵和葉子、菊芋脆片和義大利培根。用幾滴巴薩米克醋裝飾。

婆羅門參佐酥脆小牛胸腺

Salsifis et ris de veau croustillant aux amandes

10 人份

活躍時間
2 小時

浸泡時間
1 小時

烹煮時間
2 小時

設備
打沫勺
均質機

食材
小牛胸腺 10 塊
白醋 2/3 杯（150 毫升）

奶油杏仁
奶油 1 又 1/4 條（150 公克）
天然未去皮杏仁 1 杯（150 公克）

婆羅門參
婆羅門參 1.5 公斤
雞高湯 1 又 2/3 杯（400 毫升）
無鹽奶油 2 又 2/3 條（300 公克）
橄欖油些許
鮮奶油 2/3 杯（150 毫升），至少 35% 脂肪
炸油
鹽和現磨黑胡椒

紅蔥頭
法國灰色紅蔥頭 10 顆
糖 2 小匙（10 公克）
奶油 2 小匙（10 公克）
細鹽 1 撮

麵包粉
沾裹用的麵粉
蛋 4 顆
麵包粉 400 公克
杏仁粉 1 杯（100 公克）
現刨帕瑪森乳酪 100 公克
奶油 3 大匙（50 公克）

上菜
使用乾燥茴香調味的小牛汁 1 又 1/4 杯（300 毫升）

準備小牛胸腺

將小牛胸腺放入一大碗加了醋的冷水中浸泡 1 小時。瀝乾，放入一個大型煎鍋，倒入足夠的冷水加以覆蓋。煮沸，撈掉浮沫，微滾 2 分鐘。瀝乾，趁熱撕掉外膜、移除脂肪和軟骨，小心保持胸腺的完整。用紙巾拍乾。放在一個盤子上，上面壓重物，放進冰箱備用。

製作奶油杏仁

將奶油和杏仁放入厚底鍋加熱，煮到奶油變成榛果色。用打沫勺取出杏仁，放在紙巾上瀝乾。剩下的奶油留著製作小牛汁。

準備婆羅門參

使用冷水沖洗婆羅門參，用刷子刷掉任何泥土。削皮，其中一塊婆羅門參備用，其餘斜切成約 8 公分長的圓條（參見第 64 頁技巧）。削切下來的東西保留起來。將高湯倒入湯鍋中煮沸。將奶油跟一點橄欖油一起放入煎鍋中融化，奶油冒泡時放入婆羅門參圓條，溫和烹煮 5 分鐘。拌入高湯，續煮 20 分鐘，直到可以使用刀子刺穿。使用鹽和胡椒調味，備用。將削切下來的婆羅門參跟鮮奶油一起放入湯鍋中，以中小火烹煮到水分收乾。使用均質機攪打到非常滑順輕盈。將備用的那一塊婆羅門參切成細條，放入炸油中，油炸到稍微金黃且酥脆。保留幾片上菜用，其餘壓碎成大顆粒。

準備紅蔥頭

將紅蔥頭放入煎鍋中，倒入足夠覆蓋一半紅蔥頭的水，接著放入糖、奶油和鹽。煮到小滾，把火轉小，煮到紅蔥頭焦糖化。淋一點水。

小牛胸腺裹粉

將麵粉放在一個鋼盆裡，在另一個鋼盆打散蛋液，在第三個鋼盆中混合麵包粉、杏仁粉以及帕瑪森乳酪。將小牛胸腺依序沾裹麵粉、蛋液和乾性混合食材（參見第 100 頁技巧）。將奶油放入大型煎鍋中融化，把胸腺煎得每面金黃酥脆。

上菜

將小牛汁倒入小型湯鍋中，以中火慢慢拌入烹煮杏仁時所剩下的褐色奶油。上菜前，將婆羅門參圓條放入婆羅門參鮮奶油稍微沾裹，接著包覆婆羅門參大碎塊，上面放幾片預留的酥脆婆羅門參。將小牛胸腺、婆羅門參圓條、帶有光澤的紅蔥頭和杏仁一起擺放在盤子上。淋上小牛汁。

烤香葉芹根裹松露汁

Cerfeuils tubéreux rôtis au jus truffé

6 人份

活躍時間
30 分鐘

烹煮時間
30 分鐘

設備
菜瓜布
葉子圖案的矽膠烘焙墊

食材

香葉芹根
香葉芹根 1 公斤
1 顆檸檬的汁
奶油 1 又 1/4 條（150 公克），分成兩份
褐色雞高湯 3/4 杯（200 毫升）
松露末 100 公克
鹽和現磨黑胡椒

蕾絲葉
中筋麵粉近 1/2 杯（50 公克）
融化奶油 3 大匙又 1 小匙（50 公克）
蛋白近 1/4 杯（50 公克，約 1 又 3/4 顆蛋的蛋白）
煙燻紅椒粉 1/2 小匙（2.5 公克）

上菜
黃芹菜 1 根
1 把香葉芹的葉子
已打發的鮮奶油 4 小匙（20 毫升）

準備香葉芹根

香葉芹根削皮，接著使用菜瓜布刷成大致相同的形狀。淋一點檸檬汁。將 1 條又 2 大匙（140 公克）的奶油放入大型煎鍋，以中火加熱到變成榛果色。放入香葉芹根，煎炒約 10 分鐘或直到完全變得金褐。用鹽和胡椒調味，放在鋪有紙巾的盤子上瀝乾。將雞高湯倒入用來煎炒香葉芹根的煎鍋中，轉小火，放入松露末和剩下的 2 小匙（10 公克）奶油。將香葉芹根放回鍋中，煮到出現光澤。

製作蕾絲葉

烤箱預熱到 160℃，將矽膠烘焙墊放在烤盤上。將所有食材放入中型鋼盆，使用打蛋器混合均勻。用刮刀將麵糊均勻抹在烘焙墊上，烘烤 6 分鐘。蕾絲葉變硬且放涼到不燙手後，再小心取出烘焙墊。

上菜

將香葉芹根堆在每一個盤子上。將黃芹菜切末，清洗香葉芹的葉子，灑在香葉芹根上面，接著放一些已打發的鮮奶油。用一片蕾絲葉裝飾。

雞湯燉草石蠶佐麵疙瘩和栗子

Fricassée de crosnes, spätzle et châtaignes

6 人份

活躍時間
30 分鐘

烹煮時間
1 小時又 10 分鐘

設備
細目篩網
打沫勺
手持式攪拌機
麵疙瘩刨麵器

食材

雞肉汁
雞翅 500 公克
紅蔥頭 200 公克
洋蔥 2 顆
橄欖油
醬油 1/4 杯（60 毫升）
百里香 2 枝
1 把龍蒿的葉子

麵疙瘩
中筋麵粉 1 又 2/3 杯
（200 公克）
蛋 3 顆
低脂牛奶 2 大匙又 2 小
匙（40 毫升）
白乳酪或瑞可塔乳酪 3
大匙又 2 小匙（50 公克）
鹽 1 小匙（5 公克）
現磨肉豆蔻 1/2 小匙
奶油 4 大匙（60 公克），
重新加熱用

雞湯燉草石蠶
草石蠶 400 公克
白色雞高湯 2 杯（500
毫升）
蒜頭 2 瓣

栗子
栗子 200 公克

上菜
奶油 5 大匙（80公克），
分成兩份
巴西利末 1 大匙

製作雞肉汁

烤箱預熱到 180℃。雞翅鋪在深烤盤中，放進烤箱烘烤約 20 分鐘，使其變得金黃。剝除紅蔥頭和洋蔥外層並切末（參見第 56 頁技巧）。將一些橄欖油放入大型湯鍋，以中火加熱，將紅蔥頭和洋蔥炒軟。放入雞翅，拌炒均勻，使用細目篩網過篩，以篩掉油脂。將雞翅、紅蔥頭和洋蔥放回鍋中，嗆入醬油。放入百里香，倒入足夠覆蓋雞翅的冷水，煮沸，烹煮 20 分鐘左右，不時撈掉浮沫。使用細目篩網過篩，液體倒回鍋中。放入龍蒿，增添雞肉汁風味，以小火收汁，使其濃稠一點。

製作麵疙瘩

將麵粉、蛋、牛奶、白乳酪或瑞可塔乳酪、鹽和肉豆蔻放入鋼盆，使用打蛋器攪拌滑順。將一大鍋水煮沸，另外準備一碗冰塊水。將麵團放入刨麵器的盒子中，將小塊麵團直接刨進滾水，烹煮 4–5 分鐘，直到麵疙瘩浮起。使用打沫勺撈出，短暫放進冰塊水中冰鎮。備用，之後再用奶油重新加熱。

製作雞湯燉草石蠶

切掉草石蠶的兩端，用冷水沖洗。將雞高湯放入大型湯鍋中煮沸。將蒜頭去皮，整顆放入鍋中跟草石蠶一起烹煮。把火轉小，微滾 10 分鐘左右，使草石蠶變軟但是仍保有一點脆度。瀝乾草石蠶和蒜頭，將蒜頭壓成泥。備用，準備之後重新加熱。

準備栗子

使用一把尖銳小刀的尖端，從栗子殼的一頭劃到另一頭，要劃過尖頭的部分。將栗子放入一大鍋冷水中煮沸，烹煮 3 分鐘，接著瀝乾。用冷水沖洗，便能用手指擠壓栗子，使外殼裂開，並取出裡面苦苦的膜。

上菜

將奶油放入煎鍋，以中火融化，重新加熱麵疙瘩，翻炒數分鐘，使其變得金黃、稍微膨脹。將一半的奶油放入另一個煎鍋中融化到冒泡，放入栗子，翻炒到變成金黃色。將草石蠶、蒜泥和巴西利放入第三個煎鍋中，用剩下的奶油褐化。將麵疙瘩、栗子和草石蠶優美地擺放在盤子上，淋上雞肉汁。

瓜類

烤南瓜佐西洋梨、菲達乳酪和醃蛋黃

Potiron rôti, poire, feta et pickles d'œuf

6 人份

活躍時間
50 分鐘

烹煮時間
35 分鐘

醃漬時間
24 小時

設備
容量 100 毫升的滴管或
小型醬料瓶
切片器

食材

醃蛋黃
米醋 1 杯（250 毫升）
醬油 2/3 杯（150 毫升）
糖 1/2 杯（100 公克）
蛋黃 6 顆

芒果醬
玉米粉 1 又 1/4 小匙（4
公克）
芒果汁 150 公克
蘋果醋 1 大匙（15 毫升）
糖 2.5 小匙（10 公克）
鹽和現磨黑胡椒

南瓜
南瓜 1.5–2 公斤
橄欖油，刷南瓜用
楓糖漿，刷南瓜用
鹽和現磨黑胡椒

上菜
南瓜籽 20 公克
菲達乳酪 200 公克
西洋梨 1 顆
京水菜些許

製作醃蛋黃

將醋、醬油和糖放入碗中混合成醃汁。將蛋黃放入保鮮盒，倒入醃汁覆蓋蛋黃，放進冰箱醃漬 24 小時。

製作芒果醬

將玉米粉拌入一點冷水，拌到滑順。將芒果汁、醋、糖和稀釋的玉米粉一起放入湯鍋中，以中大火煮沸，不斷攪拌，使其變得濃稠。用鹽和胡椒調味，放涼後，移到滴管或醬料瓶冷藏。

烤南瓜

烤箱預熱到 180℃。將南瓜切成 6 片，刷上橄欖油，用鹽和胡椒調味，烘烤約 20 分鐘至軟。南瓜變軟前，刷上一些楓糖漿，使其呈現光澤。

組合

烤箱溫度下降到 150℃。烤盤上鋪一張烘焙紙，將南瓜籽灑在上面，烘烤 15 分鐘。同一時間，將菲達乳酪捏碎到碗中。西洋梨削皮去核，使用切片器切薄片。瀝乾蛋黃的醃汁，將其他所有元素優美地擺放在盤子中。將芒果醬擠幾坨在盤子上，使用京水菜裝飾。

甜鹹南瓜和砂鍋燉菜

Cocotte de potimarron et légumes étuvés, jus de raisin en aigre-doux

6 人份

活躍時間
2 小時

醃漬時間
1 小時

烹煮時間
2 小時

設備
切片器
烤肉盤
均質機

食材

醃梸楒
梸楒 1 顆
水 3/4 杯（200 毫升）
糖 2 大匙（25 公克）
白醋 3 大匙（50 毫升）

綜合蔬果
幼年紅蘿蔔 12 根
青葡萄 100 公克
小朝鮮薊 9 顆
東昇南瓜 1 大顆
適合烹煮的西洋梨 9 顆，Martin Sec 馬丁賽克這個品種較適宜
奶油 1 條又 2 大匙（150 公克）
1 顆檸檬的汁，外加額外加在朝鮮薊浸泡水裡面的
新鮮栗子（或者冷凍或罐裝的完整栗子）18 顆

馬鈴薯
小馬鈴薯 250 公克
蒜頭 4–6 瓣
奶油 7 大匙（100 公克）
百里香數枝

甜鹹醬
糖 1/4 杯（50 公克）
雪莉醋 3 大匙（50 毫升）
葡萄汁 1 杯（250 毫升）
微鹽奶油 3 大匙（50 公克），切丁

裝飾
1 顆特雷維索苦苣的葉子
紅脈酸模苗 50 公克

製作醃 梸楒

清洗 梸楒並削皮，使用切片器切薄片，放進碗中。將水、糖和醋放入中型湯鍋煮沸，煮成稀糖漿。倒在 梸楒上，醃漬 1 小時。

準備綜合蔬果

清洗紅蘿蔔和葡萄並去皮。處理朝鮮薊（參見第 70 頁技巧），放在一碗加了一點檸檬汁的水中備用。清洗南瓜和西洋梨，但不要削皮。南瓜切成四塊，去籽後，再切成大塊。紅蘿蔔、西洋梨和朝鮮薊縱切對半，西洋梨去核。依序將紅蘿蔔、西洋梨和朝鮮薊個別放入煎鍋烹煮，每次都放入三分之一的奶油和檸檬汁，蓋上蓋子以小火煮軟。烹煮朝鮮薊和西洋梨時，要讓液體收乾到使其呈現光澤並稍微褐化。如果是使用新鮮的帶殼栗子，請將烤箱預熱到 180℃。使用尖銳的刀子在栗子殼的圓滑面劃上長長一刀，將栗子放在烤盤上，放進烤箱烘烤約 15 分鐘，使那一刀裂開。趁熱小心剝掉外殼和內膜。將每一顆栗子切對半，放在烤肉盤上褐化。

準備馬鈴薯

馬鈴薯削皮，整顆汆燙 15 分鐘。蒜瓣去皮壓碎，馬鈴薯切對半。將奶油放入煎鍋，以中大火融化，冒泡後翻炒馬鈴薯、蒜頭和百里香。

製作甜鹹醬

將糖和醋放入大型湯鍋中，把糖煮到溶解。倒入葡萄汁，煮沸。使用均質機拌入奶油，攪打到醬汁呈現糖漿質地，濃稠到可以裹覆蔬菜。

上菜

將綜合蔬果優美地擺放在每一個盤子上。捲起醃 梸楒薄片，放在最上面。使用幾片特雷維索苦苣的葉子和紅脈酸模苗裝飾。淋上醬汁。

大廚筆記

小而脆硬的馬丁賽克梨是原種祖傳的品種，
如果無法取得，可以試試斯克梨、黃巴特梨或佛瑞梨。

烤奶油南瓜佐角蝦濃湯

Butternut confit et bisque de langoustine

6 人份

活躍時間
1.5 小時

烹煮時間
55 分鐘

設備
研杵
細目篩網
烤肉盤
直徑 8 公分的餅乾圓模

食材

角蝦
生角蝦或特大蝦 6 隻

角蝦濃湯
番茄 200 公克
洋蔥 100 公克
紅蔥頭 100 公克
蒜頭 2 瓣
橄欖油 1/3 杯（80 毫升）
角蝦或特大蝦的外殼和
頭尾 500 公克
白蘇維濃葡萄酒或其他
乾型白酒 1 杯（250 毫
升）
干邑白蘭地 3 大匙（50
毫升）
諾利帕苦艾酒 4 小匙
（20 毫升）
龍蒿 1 把，葉子切末
百里香 2 枝，葉子切末
香草束 1 把
鮮 奶 油 2 杯（500 毫
升），至少 35% 脂肪
番茄糊 1 大匙

烤奶油南瓜
奶油南瓜 1.5 公斤
橄欖油
鹽和現磨黑胡椒

奶油南瓜燉飯
洋蔥 1/2 顆
奶油 7 大匙（110 公克），
冰過且切丁，分成兩份
熱的魚高湯 2.5 杯（600
毫升）
現刨帕瑪森乳酪 60 公
克
蝦夷蔥 1/2 把
鹽和現磨黑胡椒

上菜
橄欖油，油炸用
綜合新鮮香草，如琉璃
苣、香葉芹和龍蒿

準備角蝦

去蝦頭蝦殼，留下尾部。蝦頭蝦尾放進冰箱備用，蝦殼之後加入製作濃湯的食材中。

製作角蝦濃湯

清洗番茄，剝除洋蔥和紅蔥頭的外層，將三種食材切小丁（參見第 60 頁技巧）。蒜頭去皮壓碎。將橄欖油倒入湯鍋，開大火。炙燒蝦頭和蝦殼，接著放入洋蔥和紅蔥頭。嗆入白酒，等收乾後再放入干邑白蘭地，小心進行焰燒。火焰消退後，倒入諾利帕苦艾酒。使用研杵碾碎蝦頭和蝦殼，盡量釋出最多風味。放入番茄、香草和香草束，拌入鮮奶油和番茄糊。把火轉小，微滾 20 分鐘。使用細目篩網過篩濃湯，放在熱水浴上保溫。

製作烤奶油南瓜

烤箱預熱到 140℃。奶油南瓜削皮，切成 6 片 2 公分厚的切片，其餘跟削切下來的皮一起備用，之後用來製作燉飯。南瓜片刷油，放在烤肉盤上燒出網格圖案。調味，放進烤箱烘烤約 20 分鐘，使其變軟。保溫。

製作奶油南瓜燉飯

將剩下的奶油南瓜和削切下來的皮切小丁（參見第 60 頁技巧）。剝除洋蔥的外層並切末。將 3 大匙（50 公克）的奶油放入大型煎鍋中，以中火融化，翻炒洋蔥和奶油南瓜丁，但不要上色。慢慢倒入魚高湯，每次都等高湯蒸發後再倒入更多，一直煮到南瓜變軟。拌入帕瑪森乳酪，使燉飯變濃稠，接著拌入剩餘奶油。清洗蝦夷蔥，接著切或剪成末（參見第 54 頁的大廚筆記），拌入燉飯。使用鹽和胡椒調味。

上菜

在煎鍋中淋上一點橄欖油，以大火快速烹煮角蝦的頭尾，使其變成粉紅色，蝦肉變白。在每一個碗中央放一片烤奶油南瓜，舀一些燉飯在上面。放一隻角蝦的蝦尾，旁邊放蝦頭，使用小香草枝葉裝飾。在上菜前最後一刻將濃湯倒在奶油南瓜周圍。

烤飛碟南瓜佐茴香魚子醬和佛卡夏

Pâtissons grillés et focaccia au fenouil

4 人份

活躍時間
1 小時

發酵時間
12 小時，外加 1 小時

烹煮時間
1 小時

設備
舒肥袋和食物真空包裝機
蒸烤箱或蒸鍋
均質機
切片器
烤肉盤

食材

茴香佛卡夏
新鮮酵母 12 公克
溫水 1 又 1/3 杯（310 毫升）
中筋麵粉 3 又 1/4 杯（400 公克）
片狀馬鈴薯粉 75 公克
細海鹽 2 小匙（10 公克）
橄欖油 3 大匙（50 毫升）
乾燥野生茴香籽，最後灑一些
鹽之花

茴香魚子醬
茴香鱗莖 1 顆
橄欖油 3/4 杯（200 毫升）
茴香籽 1 小匙
蒜頭 2 瓣
百里香 2 枝
細海鹽

生飛碟南瓜
黃色飛碟南瓜 4 顆
綠色飛碟南瓜 4 顆

生茴香
迷你茴香鱗莖 2 顆

烤飛碟南瓜
黃色飛碟南瓜 4 顆
綠色飛碟南瓜 8 顆
花生油，烤肉盤用的
細海鹽

製作茴香佛卡夏

將酵母掰碎在溫水中，使其溶解。將麵粉、馬鈴薯粉和鹽放入鋼盆中混合，倒入酵母水。用手將食材搓揉成平滑的麵團。覆蓋麵團，放進冰箱發酵 12 個小時。烤盤上鋪一張烘焙紙。捶一下麵團，在烤盤上均勻壓平。覆蓋麵團，放在常溫發酵 1 小時。烤箱預熱到 200℃。手指壓進麵團，以壓出凹洞。刷上大量橄欖油，灑上茴香籽和鹽之花。烘烤 25 分鐘，使其變得金褐。

製作茴香魚子醬

清洗茴香鱗莖，切成四塊。將所有食材放入舒肥袋，密封，放進 95℃ 的蒸烤箱或蒸鍋中烹煮約 20 分鐘，使食材變得非常軟。打開袋子，瀝乾茴香，保留汁液。將茴香塊放入鋼盆中，使用均質機攪打滑順，必要時可加入一些汁液攪打。你有可能需要過篩茴香泥。

準備生飛碟南瓜

清洗飛碟南瓜，使用切片器切薄片。放入冰塊水中備用。

準備生茴香

清洗茴香鱗莖，使用切片器切薄片。放入冰塊水中備用。

製作烤飛碟南瓜

清洗南瓜，將每顆黃色飛碟南瓜縱切成三片左右，將綠色飛碟南瓜切成四塊。加熱烤肉盤，刷油，炙燒南瓜片的兩面，燒出網格圖案。用鹽調味。

上菜

將佛卡夏切成細長片狀，放在烤肉盤上或是使用烤吐司機或烤箱快速炙烤一下。將茴香魚子醬厚厚地抹在佛卡夏上，在上面擺放生南瓜、烤南瓜和生茴香。

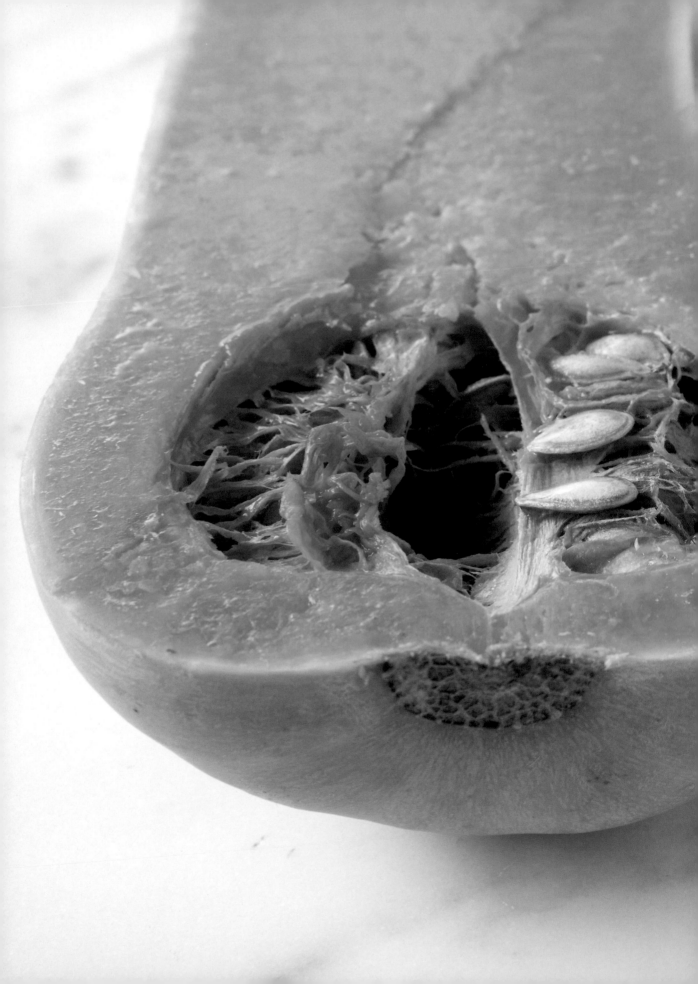

金線瓜餅乾

Sablés de courge spaghetti aux graines

約 30 片餅乾

活躍時間
20 分鐘

烹煮時間
30 分鐘

設備
蒸烤箱或蒸鍋
直徑 5 公分的餅乾圓模

食材

綜合種子
南瓜籽 50 公克
亞麻籽 2 大匙（20 公克）
芝麻 1 大匙（10 公克）
黑種草籽 1 大匙（10 公克）

餅乾麵團
金線瓜 450 公克
康堤乳酪絲或其他帶有果香的硬質乳酪絲 90 公克
現刨帕瑪森乳酪 90 公克
鷹嘴豆粉 1 又 2/3 杯（150 公克）
玉米粉 1 又 1/4 杯（150 公克）
泡打粉 2 小匙（10 公克）
印度綜合香料粉 2 大匙
鹽和現磨白胡椒

準備種子

烤箱預熱到 150℃，烤盤上鋪一張烘焙紙。混合所有種子，鋪在烤盤上，烘烤約 10 分鐘。移出烤盤放涼。

製作餅乾麵團

將金線瓜縱切對半。用湯匙挖出種籽，接著用叉子刮鬆果肉。果肉蒸煮 10 分鐘至軟（參見第 92 頁技巧）。放涼，放入鋼盆，拌入乳酪絲、鷹嘴豆粉、玉米粉、種子、泡打粉和印度綜合香料粉。混合均勻後，用鹽和胡椒調味，使用雙手捏合成一塊麵團。

烤餅乾

烤箱溫度上升到 180℃，烤盤上鋪一張新的烘焙紙。在稍微灑粉的檯面上將麵團擀成約 2 公分的厚度，使用餅乾圓模壓出圓片。放在烤盤上，烘烤約 10 分鐘，使其稍微金黃。移到鐵架上放涼。這可以搭配開胃酒或湯品食用。

電子鍋燉栗子南瓜

Kabocha cuite entière dans un cuiseur à riz

6 人份

活躍時間
10 分鐘

烹煮時間
30 分鐘

設備
電子鍋

食材
栗子南瓜 1 顆
氣泡水或蘇打水 6 杯
（1.5 公升，參見大廚筆記）
特級初榨橄欖油 3 大匙
（50 毫升）
鹽之花
葡萄柚花椒莓
醬油 1 大匙（非必要），
最後上菜用

徹底清洗栗子南瓜。切掉頂部，形成一個蓋子。

將氣泡水倒入電子鍋，南瓜蓋著蓋子放進去，烹煮約 30 分鐘到軟。用刀尖刺進果肉，便能檢查是否已經軟熟。

南瓜烹煮時，種子會為果肉增添風味。但是，煮好後，請用湯匙挖掉種子。使用橄欖油、鹽和胡椒調味果肉。

整顆上菜，如果想要可以添加 1 大匙醬油。

大廚筆記

氣泡水能保持濕度，
讓南瓜在烹煮時保留原本的口感和味道。
不過，也可以使用非碳酸礦泉水。

佛手瓜沙拉佐加勒比海辣醬

Salade de chayottes, sauce chien

6 人份

活躍時間
30 分鐘

烹煮時間
5 分鐘

設備
拋棄式料理手套

食材

佛手瓜沙拉
佛手瓜 5 顆
紅蘿蔔 3 根
芝麻油 3 大匙（50 毫升）
鹽之花

加勒比海辣醬
溫和甜辣椒 4 根
哈瓦那辣椒 1 根
紫洋蔥 1 顆
蒜頭 2 瓣
薑 50 公克
平葉巴西利 1 把
香菜 1 把
蔥 1 把
檸檬 3 顆
葡萄籽油近 1/2 杯（100 毫升）
芝麻油 3 大匙（40 毫升）
礦泉水 3/4 杯（200 毫升）

製作佛手瓜沙拉

將佛手瓜和紅蘿蔔清洗、削皮，接著切絲（參見第 58 頁技巧）。兩者混合，使用芝麻油和鹽之花調味。冰進冰箱備用。

製作加勒比海辣醬

處理辣椒時，戴上拋棄式手套保護雙手，將辣椒切半，去膜去籽，切小丁（參見第 60 頁技巧）。剝除洋蔥和蒜頭的外皮，切末。把薑削皮磨泥。巴西利和香菜各保留一枝，其餘的切末（參見第 54 頁技巧）。蔥切蔥花，刨檸檬皮，榨檸檬汁。將所有食材跟葡萄籽油和芝麻油一起放入鋼盆中混合均勻。將礦泉水煮沸，接著緩緩拌入醬料中。

上菜

醬料淋在沙拉上，盛裝到碗裡，使用保留的巴西利和香菜裝飾。

大廚筆記

醬料可以事先做好，放在保鮮盒冷藏保存。
你可以根據史高維爾辣度指標來選擇辣椒。

十字花科

皺葉甘藍捲佐蝦清湯

Chou vert frisé, consommé cristallin aux crevettes grises

6 人份

活躍時間
30 分鐘

烹煮時間
1.5 小時

設備
紗布
油炸鍋和油炸籃
溫度計

食材
醋
皺葉甘藍 2 顆
薑 100 公克
紅蘿蔔 2 根
蔥 1 把
蒜頭 2 瓣
硬豆腐 200 公克
完整的褐蝦或北極甜蝦
300 公克，煮熟且未剝
殼
泰國蔥 1 把
香菜 1 把
香茅 1 根
醬油近1/2杯（100毫升）
魚露（如越南富國島生
產的魚露）3 大匙（50
毫升）
番茄糊 1.5 大匙（20 公
克）
礦泉水 6 杯（1.5 公升）
香菜籽 1 大匙
胡椒粒 1 大匙
奶油 2 大匙（30 公克）
中筋麵粉 4 小匙（10 公
克）
葡萄籽油4杯（1公升），
外加甘藍菜要用的

準備蔬菜和內餡

清洗所有的蔬菜並削皮，放入加了醋的水中；每 4 杯（1 公升）的水加 3 大匙（50 毫升）的醋。剝掉甘藍菜最外層的深綠色葉片，留著之後烹煮清湯。把薑削皮，薑皮留著烹煮清湯。紅蘿蔔切小丁（參見第 60 頁技巧），蔥白切末（參見第 56 頁技巧），保留蔥綠的部分。薑和蒜頭磨泥。放入小碗混合均勻，包覆保鮮膜，放進冰箱。挑選 6 片完整的甘藍葉，放入大型湯鍋中，以英式滾燙法汆燙（參見第 90 頁技巧）；葉子仍應保有脆度。放涼，放在抹布上瀝乾，包起來放進冰箱。將剩下的甘藍菜切絲。豆腐瀝乾，切成 3 公分的方塊。放在一個鋪有紙巾的盤子上，以吸收任何水分，然後放進冰箱。煮熟的蝦子留下 18 隻，之後油炸做為裝飾。剩下的蝦子剝殼，頭尾和外殼留著烹煮清湯，用冷水沖洗後，備用。將泰國蔥切成非常細的細絲，約 10 公分長。放在一碗冷水中，放進冰箱，使其捲曲。切掉香菜梗，留下幾片葉子，之後用來裝飾。香茅切斜片（參見第 64 頁技巧）。

製作清湯

將一些油放入大型湯鍋中加熱，放入綠色甘藍葉，使其上色。放入蝦頭、蝦尾、蝦殼和薑皮。嗆入醬油和魚露。放入香茅、蔥綠、香菜梗和番茄糊。倒入礦泉水，拌入香菜籽和胡椒粒。煮到微滾，烹煮 45 分鐘。離火，靜置 10 分鐘，接著使用紗布濾到一個大碗中，不要擠壓食材。放在常溫備用。

製作甘藍捲

將奶油放入中型煎鍋中，以中小火融化，翻炒紅蘿蔔和蔥白末，但是不要上色。拌入蒜、薑和甘藍絲，倒入近 1/2 杯（100 毫升）的清湯。以小火微滾到很軟，備用。將煮軟的蔬菜平均分配到 6 片下面鋪有保鮮膜的葉子上，把葉子摺起來，形成 6 公分乘 4 公分的方形，邊邊塞好，甘藍捲用保鮮膜包住，以維持住形狀。

製作油炸豆腐、泰國蔥和蝦

將豆腐塊沾裹麵粉。瀝乾捲曲的泰國蔥絲，拍乾。葡萄籽油加熱到 170℃，先炸豆腐，再炸蔥絲，最後炸保留的 18 隻蝦子，小心別讓炸油噴到自己。放在鋪有紙巾的盤子上瀝乾。

上菜

撕掉甘藍捲的保鮮膜，在每一個大碗中都放一個。上面擺放油炸的豆腐、泰國蔥和蝦，將剩下已剝殼的熟蝦子平均分配到 6 個碗裡，擺放在甘藍捲四周。用茶壺倒入清湯。上菜前，使用香菜葉裝飾。

大廚筆記

微滾清湯，不要煮到大滾，
可以讓湯頭保持漂亮清澈的琥珀色。

白花椰三吃

Déclinaison de chou-fleur, rôti grenobloise, mousse et taboulé multicolore

6 人份

活躍時間
1.5 小時

冷藏時間
1 小時

烹煮時間
40 分鐘

設備
食物調理機
手持式攪拌機
直徑 5 公分的塔圈 6 個
均質機

食材

白花椰慕斯
白花椰 400 公克
金級吉利丁片 3.5 片（7
公克）
打發鮮奶油逾 1/2 杯
（140 毫升），至少
35% 脂肪

彩色白花椰塔布勒沙拉
橘色白花椰 1/2 顆
綠色白花椰 1/2 顆
紫色白花椰 1/2 顆
香菜 1 把
1 顆檸檬的皮末和汁
橄欖油近 1/2 杯（100 毫
升）
細海鹽和現磨黑胡椒

酸豆醬
檸檬 1 顆
奶油 1 條（120 公克）
吐司 2 片
酸豆 2 大匙（15 公克）

煎白花椰
白花椰 1 顆
微鹽奶油 1 條又 2 大匙
（150 公克）

白花椰與中東芝麻泥
白花椰 400 公克
奶油 3.5 大匙（50 公克）
中東芝麻醬 3 大匙（45
毫升）
鹽和現磨黑胡椒

上菜
海蘆筍 100 公克
帶梗的酸豆果 6 顆

製作白花椰慕斯

清洗白花椰並切末，放入湯鍋以英式滾燙法燙軟（參見第 90 頁技巧）。吉利丁片泡在冷水中軟化。白花椰瀝乾，趁熱攪打成滑順的泥狀（你應該可以得到約 325 公克的泥）。擠出吉利丁片的水分，拌入白花椰泥到融化為止。將白花椰泥放涼到常溫但未凝固的狀態。使用手持式攪拌機將鮮奶油打到濕性發泡，再用可拗折的刮刀拌入白花椰泥。將塔圈放在鋪有烘焙紙的烤盤上，倒入白花椰泥，冷藏 1 小時，使其凝固。

製作彩色白花椰塔布勒沙拉

清洗三種顏色的白花椰，使用四面刨絲器粗孔的那一面將白花椰刨進碗中。清洗香菜並切末，跟檸檬皮末和汁一起拌入白花椰。用橄欖油、鹽和胡椒調味。

製作酸豆醬

檸檬削皮，切除所有白色部分，接著切下薄膜之間的果肉。檸檬果肉切丁。製作澄清奶油，將奶油放入厚底鍋，以小火加熱。撈掉白沫，將清澈的黃色奶油層倒入罐子裡，不要倒入底部的乳白殘渣。將吐司切成 5 公釐的小丁，放入澄清奶油煎到金黃。放在鋪有紙巾的盤子上瀝乾。檸檬丁和酸豆混合在一起，麵包丁另外放，備用。

製作煎白花椰

清洗白花椰，切下 6 大朵花球，保留一些花球最後裝飾用。將奶油放入大型煎鍋中，以中火融化，放入白花椰，不時澆淋奶油，煎到花球剛好變軟。這應該會花 15 分鐘左右，視花球的大小而定。白花椰煮好後，放入酸豆醬。保溫。

製作白花椰與中東芝麻泥

清洗白花椰並切末，放入湯鍋以英式滾燙法燙軟。瀝乾，跟奶油和中東芝麻醬一起攪打成泥。用鹽和胡椒調味，若有必要可以加一點水調整濃稠度。

上菜

將一鍋未加鹽的水煮沸，放入海蘆筍。水一旦重新煮滾，便瀝乾海蘆筍，浸泡在冰塊水中，以免繼續煮熟。在每個盤子上放一些白花椰與中東芝麻泥，接著放上煎白花椰。灑上備用的麵包丁。將白花椰慕斯脫膜到每一個盤子上，慕斯上放滿塔布勒沙拉。使用海蘆筍、幾片生白花椰切片和酸豆果裝飾。

烤青花菜佐烏魚子和凱薩沙拉醬

Brocoli rôti, poutargue et sauce césar

4 人份

活躍時間
45 分鐘

烹煮時間
30 分鐘

設備
食物調理機

食材

青花菜
青花菜 1 大顆
奶油 7 大匙（100 公克）

凱薩沙拉醬
蛋 2 顆
現刨帕瑪森乳酪 20 公克
鯷魚片 15 公克
檸檬汁 3 大匙（40 毫升）
伍斯特醬 2 小匙（10 毫升）
1/4 把龍蒿的葉子
1/4 把羅勒的葉子
橄欖油 1/2 杯減 1 大匙（100 毫升）
高脂鮮奶油 3 大匙（40 毫升），若有需要的話

上菜
烏魚子 50 公克，刨末

準備青花菜

清洗青花菜，放入一鍋加鹽的滾水中速燙 30 秒鐘（參見第 88 頁技巧）。瀝乾，沖洗冷水。將奶油放入小型湯鍋中加熱，使其融化並轉為金褐。小心不要讓奶油顏色變得過深。

烤箱預熱到 180℃，有邊烤盤上鋪一張烘焙紙。將青花菜放在烤盤上，淋上焦香奶油，烘烤 20 分鐘。檢查青花菜的顏色，用刀尖刺進青花菜的莖部，檢查是否已經煮熟。

製作凱薩沙拉醬

將其中一顆蛋水煮到全熟，切半，取出蛋黃，放進食物調理機。將另外一顆蛋的蛋黃取出，放進食物調理機。將生蛋黃、熟蛋黃、帕瑪森乳酪和鯷魚片一起攪打滑順。放入檸檬汁、伍斯特醬、龍蒿和羅勒，再次攪打。慢慢拌入油，使其混合均勻，若有必要可以加一點鮮奶油，讓醬汁不過於濃稠。

上菜

將凱薩沙拉醬淋在烤青花菜上，灑上刨末的烏魚子。

楓糖孢子甘藍佐酥脆洋蔥和培根

Choux de Bruxelles au sirop d'érable, crispy d'oignon et de lard fumé

6 人份

活躍時間
30 分鐘

冷凍時間
20–30 分鐘

烘乾時間
20 分鐘

烹煮時間
15 分鐘

設備
切片器

食材

酥脆洋蔥和培根
整條培根 200 公克
白洋蔥 2 顆

孢子甘藍
孢子甘藍 36 顆
粗海鹽 2.5 小匙（10 公克）
微鹽奶油 1 條又 2 大匙（150 公克）
楓糖漿 1 杯（250 毫升）

上菜
平葉巴西利數枝
橄欖油 3 大匙（50 毫升）
鹽之花
現磨黑胡椒

製作酥脆洋蔥和培根

將培根和洋蔥放進冷凍庫 20–30 分鐘，這樣比較容易切片。烤箱預熱到 150℃，烤盤上鋪一張烘焙紙。將培根和洋蔥從冷凍庫取出，剝除洋蔥外層。使用切片器將培根和洋蔥切成跟紙一樣薄的薄片，約 1–2 公釐厚。攤在烤盤上，覆蓋另一張烘焙紙，放進烤箱烘乾，使其褐化酥脆。這大概會花 20 分鐘，但是請時時檢查。

準備孢子甘藍

清洗孢子甘藍，小心剝除外葉，之後用來裝飾。在一鍋加鹽的滾水中以英式滾燙法將孢子甘藍汆燙（參見第 90 頁技巧），但仍應該保有脆度。瀝乾，留下汆燙的液體，如果想要可以用來速燙裝飾用的外葉。用冷水沖洗孢子甘藍。速燙裝飾用的外葉。將孢子甘藍縱切對半。將奶油放入大型煎鍋中加熱，使其融化並轉為金褐。放入切半的孢子甘藍，切面朝下，煎到褐化。倒入楓糖漿，不時使用鍋中的汁液澆淋孢子甘藍。

上菜

用鹽和胡椒調味孢子甘藍，放在盤子上。灑上培根、洋蔥和巴西利枝葉。最後，如果想要，可以將保留下來的外葉刷上橄欖油，使其呈現光澤，用來裝飾餐盤。

羅馬花椰餡餅與菜泥佐火烤鯖魚

Galettes de chou romanesco, purée verte et maquereau à la flamme

6 人份

活躍時間
40 分鐘

醃漬時間
1 小時

烹煮時間
40 分鐘

設備
果汁機
噴槍

食材

鯖魚
鯖魚 3 隻
柚子醬油 1 又 1/4 杯
（300 毫升）

羅馬花椰菜泥
羅馬花椰菜 500 公克
無鹽奶油 5 大匙（70 公克）
現磨帕瑪森乳酪 70 公克
細海鹽和現磨黑胡椒

羅馬花椰餡餅
羅馬花椰菜 500 公克
蔥 2 根
蒜頭 1 瓣
橄欖油 3/4 杯（200 毫升），分成兩份
薄荷葉 10 片
中筋麵粉 2 大匙（20 公克），外加沾裹要用的
蛋 2 顆，稍微打散
新鮮奧勒岡切末 1 小匙
鹽和現磨黑胡椒

開心果檸檬醬
香茅 1 根
水 1 又 1/4 杯（300 毫升）
開心果逾1杯（150 公克）
魚高湯近 1/2 杯（100 毫升）
薑泥 1 大匙（15 公克）
鮮奶油近 1/2 杯（100 毫升），至少 35% 脂肪
檸檬汁近 1/2 杯（100 毫升）
1 顆檸檬的皮末
鹽和現磨黑胡椒

上菜
煮熟的羅馬花椰菜花球 18 朵
抹茶粉 2 小匙（5 公克）

準備鯖魚

鯖魚切片，小心移除所有的魚刺。放在盤子上，倒入柚子醬油，用保鮮膜包覆，放進冰箱醃漬 1 小時。

製作羅馬花椰菜泥

清洗羅馬花椰菜並切末，放入一鍋加鹽的滾水中煮軟。瀝乾，跟奶油和帕瑪森乳酪一起攪打成泥。用鹽和胡椒調味，放涼，冰進冰箱備用。

製作羅馬花椰餡餅

清洗羅馬花椰菜並切末，放入一鍋加鹽的滾水中煮軟。瀝乾，放在鋼盆裡，用叉子大略壓碎。蔥切末（參見第 56 頁技巧）。蒜頭去皮，使用壓蒜器壓碎。將 3 大匙（50 毫升）的橄欖油放入小型煎鍋中，以中火加熱，稍微翻炒蔥和蒜。清洗薄荷葉並切末。蔥和蒜放涼後，跟麵粉、蛋、奧勒岡和薄荷一起拌入壓碎的羅馬花椰菜。用鹽和胡椒調味。用手滾成 12–18 顆直徑約 4 公分的圓球，稍微壓扁。在盤子上倒一些麵粉，沾裹餡餅。將剩下的橄欖油放入煎鍋中加熱，將餡餅煎到金黃，期間不時翻面，若有必要可以分批煎。放在鋪有紙巾的盤子上瀝乾，保溫。

製作開心果檸檬醬

清洗香茅並切薄片。放入小型湯鍋中，倒入水，煮沸 3 分鐘。瀝乾，留下煮香茅的水。將開心果放入煎鍋，以中火乾炒，但不要褐化。將開心果跟煮香茅的水一起攪打成糊。將魚高湯放入湯鍋，以小火加熱，拌入薑和鮮奶油。倒入果汁機，跟開心果糊一起攪打。倒回湯鍋，以小火烹煮 10 分鐘，不時攪拌。使用細目篩網過篩，用鹽和胡椒調味，依個人喜好拌入適量的檸檬汁和檸檬皮末。

上菜

瀝乾醃漬的鯖魚，魚肉朝下放入煎鍋稍微烹煮。用噴槍烤熟魚皮那一面，小心不要使魚過熟。在每一個盤子上放一些羅馬花椰菜泥、一片鯖魚、2 或 3 塊羅馬花椰餡餅和幾朵花球。將開心果醬舀到旁邊，在每一個盤子邊緣灑一點抹茶粉。

紫高麗菜捲佐啤酒燉蘋果

Pomponnettes de chou rouge et pommes braisées à la bière

12 人份

活躍時間
2 小時

烹煮時間
1 小時又 20 分鐘

設備
細目篩網
挖球器

食材

紫高麗菜捲
紫高麗菜 2 顆
白醋 3/4 杯（200 毫升）
皇家加拉蘋果或其他紅皮脆蘋果 6 顆
1 顆檸檬的汁
微鹽奶油 1.5 條（180 公克）
棕色啤酒 3 杯（750 毫升）
百里香 1 隻
月桂葉 1 片
鹽之花
現磨黑胡椒

上菜
皇家加拉蘋果 4 顆
奶油 3 大匙（50 公克），
分成兩份
棕色啤酒些許

製作紫高麗菜捲

剝掉紫高麗菜的外葉，留下 12 片未受損的大葉子備用。剩下的紫高麗菜切絲，削切下來的部分留著。將一大鍋加鹽的水跟醋一起煮沸，速燙紫高麗菜絲。瀝乾但不冰鎮。蘋果削皮、去核，切成大塊，果皮和削切下來的東西留著。蘋果丁和檸檬汁混合，以防止變色。將一大鍋加鹽的水煮沸，放入從紫高麗菜和蘋果削切下來的東西，接著再次煮沸，以做成高湯。烹煮約 30 分鐘，過篩液體，備用。烤箱預熱到 160℃。將奶油放入可進烤箱的大型煎鍋，以中火融化，翻炒蘋果丁至軟。放入紫高麗菜絲，倒入棕色啤酒和削切下來的食材煮成的高湯。放入百里香和月桂葉。蓋上蓋子，放進烤箱，烹煮 35 分鐘。使用漏勺撈出紫高麗菜絲和蘋果，備用。將煎鍋放在瓦斯爐上煮到液體濃縮變少。在每一片完整的紫高麗菜葉子中央放一些紫高麗菜絲和蘋果內餡，用鹽之花和胡椒調味，折起邊邊，捲成圓形菜捲，如果想要可以使用保鮮膜輔助，捲出形狀漂亮的菜捲。撕開保鮮膜，用奶油塗抹大型煎鍋，把紫高麗菜捲放在裡面。倒入濃縮汁液，以中火烹煮 10 分鐘，使用汁液澆淋菜捲，使其呈現光澤。

上菜

清洗其中 2 顆蘋果並去核，每一顆都橫切成 6 片 1 公分厚的切片。將 1.5 大匙（20 公克）的奶油放入煎鍋中融化，將蘋果片兩面煎得稍微焦糖化。使用挖球器將剩下的蘋果挖成小球。在每一個盤子上擺放一片蘋果，將紫高麗菜捲和蘋果球放在上面。使用打蛋器將剩下的奶油跟濃縮汁液攪打均勻，並在最後一刻加一點棕色啤酒，淋在蘋果片四周。

大頭菜果乾塔吉鍋

Tajine de choux-raves aux fruits secs

6 人份

活躍時間
45 分鐘

烹煮時間
30 分鐘

設備
研杵研缽

食材

大頭菜
大頭菜 6 顆
百里香 1 枝
月桂葉 1 片
鹽之花

果乾
橙花水 3 大匙（50 毫升）
桑特葡萄乾 2/3 杯（100 公克）
去籽椰棗 100 公克

綜合香料
蒜頭 3 瓣
蔥 1 把
孜然粉 1 小匙
薑黃粉 1 小匙
香菜籽 1 小匙
八角 3 顆
葫蘆巴 1/2 小匙
綠色大茴香 1/2 小匙
番紅花 2 根
畢澄茄（爪哇胡椒）1/2 小匙
橄欖油 3 大匙（50 毫升）

香草
香菜 1 把
薄荷葉 1/2 把
平葉巴西利 1 把

上菜
檸檬 1 顆

準備大頭菜

清洗大頭菜並削皮，保持原本的圓形。將大頭菜橫切對半，使用湯匙挖出果肉，只留下 1 公分的厚度。將果肉切小丁，跟百里香和月桂葉一起放入一大鍋加鹽的滾水中速燙 5 分鐘。瀝乾，備用。

準備果乾

將 3/4 杯（200 毫升）的水和橙花水一起放入湯鍋中煮到將近沸騰。離火，放入葡萄乾和椰棗，加以浸泡。

準備香料和烹煮塔吉鍋

蒜頭去皮、切末，把蔥切成半月形切片（參見第 55 頁技巧）。用研杵研缽將所有香料搗碎。將橄欖油倒入大型湯鍋中，以中火加熱，放入香料翻炒到香氣出現，小心不要燒焦。放入蒜和蔥，翻炒到軟，但不要上色。將切半的大頭菜放在食材上面，瀝掉浸泡果乾的液體，倒入湯鍋，果乾備用。以小火煮沸，烹煮到大頭菜變軟（刀尖應該可以輕鬆刺入）且呈現光澤。

準備香草

摘下香菜、薄荷和巴西利的葉子，清洗並切末，放在紙巾上像雪茄那樣捲起（參見第 54 頁技巧）。

上菜

檸檬削皮，切除所有白色部分，接著將果皮切絲（參見第 58 頁技巧）。放入滾水速燙。將每一顆大頭菜的下半部放在每一個盤子上，填入大頭菜丁、果乾和檸檬皮絲，再放上大頭菜的上半部。上菜前，灑上切末的香草。

大廚筆記

你可以使用白色或紫色的大頭菜，
因為塔吉鍋的綜合香料搭配這兩種大頭菜都很適合。

羽衣甘藍和糖衣核桃沙拉

Salade de kale et noix confites

10 人份

活躍時間
1.5 小時

烹煮時間
55 分鐘

設備
矽膠烘焙墊
切片器
挖球器
轉台式乳酪削切器

食材

糖衣核桃
糖近 1/3 杯（60 公克）
水 1/4 杯（60 毫升）
核桃 1 把（100 公克）

爆米香
蒸熟的長穀米 2 大匙
（30 公克）

羽衣甘藍沙拉
羽衣甘藍嫩葉 1 把
櫻桃蘿蔔 1 把
五爪蘋果 1 顆
西洋芹 2 根
修士頭乳酪 1/2 塊（參
見大廚筆記）
鹽

淋醬
原味優格 1/4 杯（60 公
克）
芥末籽醬 1 大匙（15 公
克）
蘋果醋 1.5 大匙（25 毫
升）
蜂蜜 1.5 大匙（30 公克）
橄欖油近 1/2 杯（100
毫升）

上菜
蔓越莓乾近 1/2 杯（40
公克）

製作糖衣核桃

將糖和水放入厚底鍋，以中火融化煮沸，煮成糖漿。放入核桃，把火轉小，烹煮 20 分鐘使糖漿沾裹核桃。瀝乾，將核桃鋪在矽膠烘焙墊上。烤箱預熱到 120℃，將核桃放進烤箱烘乾 35 分鐘。

製作爆米香

將米飯放入乾鍋（沒有加任何油脂）中，不蓋蓋子，以大火加熱到米飯膨脹，期間偶爾翻動鍋子。

製作羽衣甘藍沙拉

將比較大片的羽衣甘藍放入一鍋加鹽的滾水中速燙。清洗蘿蔔，握著葉子的部分使用切片器切成非常薄的薄片。清洗蘋果，使用挖球器挖出果肉（參見第 85 頁技巧）。用削皮器削掉西洋芹粗硬的外層，放入一鍋加鹽的滾水中速燙。瀝乾，放入冰塊水中冰鎮，接著切成斜片（參見第 64 頁技巧）。使用乳酪削切器將乳酪刨花。將所有食材放入大碗中混合均勻。

製作淋醬

使用打蛋器將所有食材乳化均勻。淋在沙拉上，翻動混合。

上菜

將淋有醬汁的沙拉平均分裝到盤子中，灑上爆米香、糖衣核桃和蔓越莓。

大廚筆記

修士頭乳酪是一種半硬質的瑞士山脈乳酪，
可以使用轉台式乳酪削切器刨成漂亮的裙邊造型。
假如無法取得，
可以使用任何風味濃烈的半硬質乳酪刨刮取代。

珍妮的韓國泡菜佐太陽蛋和生蠔

Kimchi de Jennifer, œuf miroir et huîtres

6 人份

活躍時間
30 分鐘

醃漬時間
4–12 小時

發酵時間
3–4 天

烹煮時間
5 分鐘

設備
容量 3 公升的罐子
食物調理機
蜂巢圖案的矽膠烘焙墊
手持式攪拌機
直徑 3 公分的餅乾圓模

食材

大白菜殺青
大白菜 1 顆
猶太鹽 1/2 杯（125 公克）
水 8 杯（2 公升）

泡菜醬
糯米粉 2 大匙（20 公克）
水 1/2 杯（125 毫升）
白蘿蔔 220 公克
薑泥 2 大匙（30 公克）
細砂糖 2 大匙（25 公克）
白洋蔥 1/2 顆，切末
蒜頭 4 半，去皮
韓國蝦醬 25 公克
蔥 4 根，切蔥花
魚露 3–6 大匙（45–90
毫升）
韓國片狀辣椒粉 1/4 杯
（60 毫升）
韓國辣椒粉適量

墨汁蜂巢
中筋麵粉近 1/2 杯（50
公克）
非常軟的奶油 3 大匙
（50 公克）
蛋白近 1/4 杯（50 公克，
約 2 顆蛋的蛋白）
烏賊墨汁 1/2 小匙（2.5
毫升）

上菜
生蠔 18 隻
蛋 6 顆
1 根蔥的蔥綠，切蔥花
可食紫色酢漿草 1 把
蒔蘿 1 枝
琉璃苣 20 朵

大白菜殺青

清洗大白菜，視大小縱切成 6 或 8 等份。把鹽放入水中溶解，倒入一個大罐子，放入大白菜，上方壓重物，使其完全泡在鹽水中。關起罐子，放常溫醃漬 4 小時（或最多 12 個小時），使葉子軟化。用冷水小心沖洗大白菜，以去除鹽分。充分瀝乾，備用。清洗並擦乾罐子。

製作泡菜醬

將糯米粉和水放入小型湯鍋中攪拌溶解。煮沸，不斷攪拌烹煮 1–2 分鐘，使液體變濃稠。離火放涼。清洗白蘿蔔並削皮、切絲（參見第 58 頁技巧）。把薑、糖、洋蔥和蒜頭放入食物調理機。蝦醬切末，跟蔥、魚露和兩種辣椒粉一起放進食物調理機。攪打均勻，接著拌入糯米粉水，形成濃稠醬料。用手將每份大白菜塗抹大量泡菜醬，堆疊放入乾淨的罐子中。關起罐子，放在常溫發酵兩天，接著放進冰箱。發酵過程會繼續，3–4 天後就可以食用泡菜。

製作墨汁蜂巢

烤箱預熱到 170℃。烤盤上鋪一張矽膠烘焙墊。將所有食材放入中碗，用打蛋器混合均勻，平均鋪在烘焙墊上，烘烤 8 分鐘。將蜂巢片小心取出烘焙墊，用餅乾圓模壓出 18 片。放涼。

上菜

小心取出生蠔肉。使用不沾鍋煎蛋，拿出鍋中，用餅乾模或刀子切掉蛋白邊緣。在每一個盤子上放一片大片的泡菜，再拿三片泡菜個別捲起來，放在盤子上攤開的泡菜上方，中間留一些位置。在泡菜捲之間擺放生蠔，用蔥花、酢漿草、小枝的蒔蘿和琉璃苣裝飾。小心擺放一顆太陽蛋在旁邊，每一個盤子用 3 片墨汁蜂巢裝飾。

大廚筆記

殺青是製作韓國泡菜不可或缺的一步，可去除大白菜含有的水分，並促進乳酸發酵。經過乳酪發酵的蔬菜放入密封罐，再放進冰箱，可保存好幾個月。

青江菜蟹肉餃

Ravioles de pak choï et tourteau

2 人份

活躍時間
1 小時

冷凍時間
3 小時（非必要）

烹煮時間
30 分鐘

設備
直徑 7 公分的餅乾圓模
打沫勺
螃蟹鉗
食物調理機
切片器
蝴蝶圖案的矽膠烘焙墊

食材

青江菜
青江菜 1 把

內餡
螃蟹 2 隻
紅蔥頭 1/2 顆
香葉芹 1/4 把
橄欖油些許
佛手柑其中 1 小根的皮末
鹽和現磨黑胡椒

味噌柑橘美乃滋
蛋 1 顆
雪莉醋 3 大匙（50 毫升）
深色味噌 10 公克
佛手柑其中 1/4 小根的皮末
花生油1/2 杯（120 毫升）
細海鹽

蝴蝶片
非常軟的奶油 3 大匙（50 公克）
稍微打散的蛋白近 1/4 杯（50 公克，約 2 顆蛋的蛋白）
中筋麵粉近 1/2 杯（50 公克）
黃味噌 20 公克

上菜
佛手柑的其中 1 根
蟹腳塊

準備青江菜

剝開青江菜的葉子並清洗。使用餅乾模壓出 6 片綠色的部分，白色的梗備用。將 6 片壓出來的葉子放入一鍋加鹽的滾水中速燙 10 秒鐘，瀝乾，馬上放入冷水中冰鎮（參見第 88 頁技巧）。用紙巾拍乾。

製作內餡

將螃蟹冷凍 3 小時，使牠們麻木之後再烹煮，或者你也可以請魚販替你殺螃蟹。將螃蟹放入一個大型湯鍋的少量滾水中滾燙 5–10 分鐘，使用打沫勺撈出，小心拗斷蟹腳，接著把身體的部分放回鍋中續煮 5 分鐘。壓碎蟹殼，取出蟹肉，小心保持大蟹腳的蟹肉完整性。剝除紅蔥頭的外層並切末，清洗香葉芹並切末。秤出 60 公克的菜梗，切小丁（參見第 60 頁技巧）。將紅蔥頭放入加了一些橄欖油的煎鍋中翻炒，放入切小丁的菜梗，以小火炒軟。離火放涼。放入大部分的蟹肉，只保留大蟹腳的完整蟹肉。將蟹肉跟香葉芹和佛手柑皮末一起拌入紅蔥頭和菜梗之中。用鹽和胡椒調味。

製作味噌柑橘美乃滋

把蛋水煮到半熟，剝殼。將蛋、醋、味噌和鹽放入食物調理機中攪打，接著放入佛手柑皮末，再慢慢倒入油。備用。

製作餃子

在每一片青江菜圓片上放一些內餡，對折壓緊。

製作蝴蝶片

烤箱預熱到 160℃。使用打蛋器將所有食材攪打均勻，鋪在蝴蝶圖案的矽膠烘焙墊上，放進烤箱烘烤 6 分鐘。

上菜

使用切片器將佛手柑切成 1 公釐厚的薄片。舀一些美乃滋到每一個盤子的中央，在周圍輪流擺放青江菜蟹肉餃、切塊的蟹腳肉和佛手柑薄片。使用蝴蝶片裝飾。

豆類

甜豆兩吃佐油桃、覆盆子和刻花魷魚

*Déclinaison de petits pois mentholés,
brugnons marbrés de framboises et rouleaux d'encornets*

6 人份

活躍時間
2 小時

烹煮時間
30 分鐘

設備
果汁機
細目篩網
舒肥袋
蒸烤箱或蒸鍋
溫度計

食材

薄荷甜豆泥
新鮮甜豆豆莢 2 公斤
葡萄籽油 1 杯（250 毫升）
鮮奶油 3 大匙（50 毫升），至少 35% 脂肪
薄荷油 2 滴

裝飾
油桃 2 顆
香葉芹塊莖 3 顆
覆盆子 100 公克
葡萄籽油 1 又 2/3 杯（400毫升），分成兩份
細海鹽

刻花魷魚
魷魚 6 隻
豬油 60 公克
中筋麵粉 3/4 杯又 2 大匙（100 公克）
炸油

上菜
雪豆苗 12 根
芳香萬壽菊 3 朵
新鮮覆盆子 6-12 顆

製作薄荷甜豆泥

取出豆仁（參見第 48 頁技巧），保留豆莢。將一鍋加鹽的水煮滾，速燙豆莢，並充分瀝乾。將豆莢放入果汁機，倒入葡萄籽油，攪打滑順。若有必要可以分批操作，每次都倒一些油。使用細目篩網過篩，保留篩出來的油。將豆仁放入湯鍋中以英式滾燙法燙軟，接著放入冰塊水冰鎮（參見第 90 頁技巧）。使用果汁機（或均質機）將一半的甜豆和鮮奶油攪打成泥，使用細目篩網過篩。剩下的甜豆使用薄荷油和過篩豆莢泥之後留下來的油調味。

準備裝飾

將油桃去皮、去核、切成四塊。將香葉芹塊莖削皮，也切成四塊。壓碎覆盆子。將油桃和香葉芹塊莖放進不同的舒肥袋裡，每袋裝一半覆盆子泥、一半葡萄籽油和 1 撮鹽。密封，放進 95℃ 的蒸烤箱或蒸鍋中烹煮，油桃蒸 5 分鐘，香葉芹塊莖蒸 15 分鐘。

製作刻花魷魚

將魷魚的身體和觸鬚分開，取出透明軟骨，去除不要的東西。觸鬚備用。身體放在砧板上，縱向切開，用尖銳的刀子在魷魚的身體上劃出格狀圖案。將豬油放入大型煎鍋中融化，翻炒魷魚身體，使其捲曲。炸油加熱到 180℃。將魷魚觸鬚沾裹麵粉，放進炸油中，油炸金黃。放在紙巾上瀝乾。

上菜

將甜豆泥舀到每一個盤子中央，放上薄荷甜豆。將油桃、香葉芹塊莖和魷魚優美地擺放在盤子上，使用雪豆苗、萬壽菊花瓣和覆盆子裝飾。

蠶豆餅佐烤哈魯米乳酪

Falafels de fèves et halloumi grillé

6 人份

活躍時間
30 分鐘

烹煮時間
15 分鐘

靜置時間
20 分鐘

設備
食物調理機
溫度計
油炸鍋和油炸籃
打沫勺
烤肉盤

食材

蠶豆餅
新鮮蠶豆 400 公克
蔥 1 根
蒜頭 3 瓣
平葉巴西利 1 把
香菜 1 把
水 3 大匙（50 毫升），
視情況可添加更多
孜然粉 1 大匙（15 公克）
香菜籽粉 1 大匙（15 公克）
金色芝麻粒 2 大匙（20 公克）
泡打粉 1 小匙（5 公克）
麵粉些許，若需要的話
鹽和胡椒
炸油

黃瓜優格醬
小黃瓜 1 根
蒜頭 1 瓣
薄荷葉 10 片
希臘優格 400 公克
1/2 顆檸檬的汁
橄欖油
鹽和現磨黑胡椒

烤哈魯米乳酪
哈魯米乳酪 18 片
橄欖油
奧勒岡 3 枝，葉子切末

上菜
橄欖油
煮熟的新鮮蠶豆 50 公克
波斯小黃瓜薄片 18 片
紅辣椒，切薄片
艾斯佩雷辣椒粉

製作蠶豆餅

取出豆仁（參見第 48 頁技巧），放入一鍋加鹽的滾水中短暫速燙，放入冰塊水中冰鎮，接著剝皮。蒜頭去皮，跟蔥一起大略切末。清洗巴西利和香菜，接著切末（參見第 54 頁技巧）。將蔥、蒜、巴西利和香菜放入食物調理機中。放入蠶豆，短暫攪打，使其形成粗糙質地，視情況加水稀釋。用孜然粉、香菜籽粉、芝麻、鹽和胡椒調味，拌入泡打粉。放一小塊蠶豆糊到熱油中測試質地，若感覺很乾，就加點水，若感覺太軟，就加點粉。用手捏出直徑 4 公分、2 公分厚的蠶豆餅。炸油加熱到 180℃，使用油炸籃或打沫勺將蠶豆餅放進炸油中，油炸到每一面都變得金黃。取出，放在紙巾上瀝乾。用鹽調味。

製作黃瓜優格醬

小黃瓜削皮、磨泥，放入碗中，灑鹽，靜置 20 分鐘。蒜頭去皮、壓泥。清洗薄荷葉並切末。用手擠出小黃瓜的水分，沖水，跟優格、蒜頭、檸檬汁、薄荷葉和一點橄欖油混合均勻。用鹽和胡椒調味，放進冰箱備用。

製作烤哈魯米乳酪

抹一些橄欖油在烤肉盤上，加熱到很燙時，將哈魯米乳酪放上去烤，翻面一次。灑上奧勒岡。

上菜

在每一個盤子上優美地擺放 3 坨淋有橄欖油的黃瓜優格醬、3 片烤哈魯米乳酪和 3 塊蠶豆餅。使用一些煮熟的蠶豆、波斯小黃瓜片、紅辣椒和一點艾斯佩雷辣椒粉裝飾。

奶油荷蘭豆泥和鱈魚棒

Royale de pois gourmands, godiveaux de merlan

6 人份

活躍時間
1 小時

冷凍時間
30 分鐘

烹煮時間
1 小時

設備
食物調理機
12 孔的橄欖球矽膠模或其他你喜歡的造型矽膠模
蒸烤箱或蒸鍋
均質機
細目篩網

食材

奶油荷蘭豆泥
荷蘭豆 180 公克
海鹽 3/4 小匙（4 公克）
全蛋 1 顆
蛋黃 2 顆
鮮奶油 3 大匙（50 毫升），至少 35% 脂肪
鹽和現磨黑胡椒

芝麻葉鮮奶油
芝麻葉 50 公克
蔬菜高湯近 1/2 杯（100 毫升）
鮮奶油近 1/2 杯（100 毫升），至少 35% 脂肪
鹽和現磨黑胡椒

鱈魚棒
去皮鱈魚片 250 公克
軟化奶油 2 大匙（30 公克）
蛋白 2 小匙（10 公克，約 1/3 顆蛋的蛋白）
鮮奶油 1/2 杯（125 毫升），至少 35% 脂肪
鹽和現磨黑胡椒

荷蘭豆
荷蘭豆 400 公克

上菜
鳥蛤 200 公克
仿魚子醬 20 公克
龍蒿葉 18 片

製作奶油荷蘭豆泥

將荷蘭豆放入一鍋加了不少鹽的滾水中，煮到非常軟。放入冰塊水中冰鎮。放進食物調理機攪打成泥，接著過篩。秤出 150 公克的泥，拌入蛋、蛋黃和鮮奶油。用鹽和胡椒調味。倒入模具，放進 75℃的蒸烤箱或蒸鍋中烹煮 35 分鐘。放涼，接著冷凍 30 分鐘，方便脫模。

製作芝麻葉鮮奶油

將芝麻葉放入一鍋加鹽的滾水中速燙 30 秒鐘，接著放入冰塊水中冰鎮。充分瀝乾。使用均質機跟蔬菜高湯和鮮奶油一起攪打。倒入湯鍋中，以小火微滾 5 分鐘收汁。使用細目篩網過篩。用鹽和胡椒調味，濃稠度應該足以在湯匙背面裹上一層醬。如果不夠濃稠，就再倒回湯鍋收乾一點。

製作鱈魚棒

使用食物調理機將鱈魚打成泥，依序攪入奶油和蛋白。將一個碗放在另一個裝滿一半冰塊的大碗上，用細目篩網將魚泥篩進第一個碗中。使用可拗折的刮刀拌入鮮奶油，用鹽和胡椒調味。裁出 6 張保鮮膜，將魚泥平均倒在保鮮膜上，再緊緊捲成圓柱體。放進 85℃的蒸烤箱或蒸鍋中烹煮 8–10 分鐘。放涼，接著放進冰箱備用。

準備荷蘭豆

將荷蘭豆放入一大鍋加鹽的滾水中以英式滾燙法速燙（參見第 90 頁技巧），接著瀝乾。將數個荷蘭豆稍微重疊排在一起，切成 6 個 15 公分乘 6 公分的長方形。烤盤上鋪一張烘焙紙，小心拿起排成長方形的荷蘭豆放在上面。

上菜

清洗鳥蛤，放進 85℃的蒸烤箱或蒸鍋烹煮 3 分鐘，使鳥蛤受熱打開。撕開魚泥的保鮮膜，將每一個圓柱體切成 3 塊。將鱈魚棒、荷蘭豆長方形和奶油荷蘭豆泥放進蒸烤箱或蒸鍋中重新加熱數分鐘。將芝麻葉鮮奶油淋在奶油荷蘭豆泥上。在每一個盤子上放一個荷蘭豆長方形，上面擺放 3 塊奶油荷蘭豆泥、3 個鱈魚棒、數隻鳥蛤和一點仿魚子醬。用龍蒿葉裝飾。旁邊擠上幾滴剩餘的芝麻葉鮮奶油。

四季豆紅蔥頭榛果沙拉

Salade de haricots verts, échalotes et noisettes du Piémont

6 人份

活躍時間
30 分鐘

浸泡時間
20 分鐘

烹煮時間
10 分鐘

食材

沙拉
四季豆（或是一半綠色和一半黃色的菜豆）1.2公斤
高鈉氣泡水4杯（1公升）
海鹽 40 公克
紅蔥頭 2 大顆
榛果近 1 杯（150 公克）
蝦夷蔥 2 把

油醋醬
Barolo 巴羅洛醋 3 大匙（50 毫升）
榛果油近 1 杯（100 毫升）
鹽之花
現磨黑胡椒

製作沙拉

拗斷四季豆兩頭（參見第 49 頁技巧），放在冷水中清洗，接著泡在氣泡水中 20 分鐘，因為這會讓四季豆變軟、定色。瀝乾。把一鍋水煮沸，放入鹽，以英式滾燙法速燙，但是仍應保有脆度（參見第 90 頁技巧）。放入冰塊水中冰鎮。剝除紅蔥頭外層，切成圓片，剝成環狀。以冷水沖洗。烤箱預熱到 120℃，烤盤上鋪一張烘焙紙，將榛果鋪在上面，烘烤 5–8 分鐘，使其變得金黃。移出烤盤，放涼到不燙手後，大致切碎。清洗蝦夷蔥，接著切或剪成末（參見第 54 頁的大廚筆記）。

製作油醋醬

使用打蛋器將醋和油攪打均勻，用鹽之花和現磨黑胡椒調味。

上菜

混合四季豆和油醋醬，灑上紅蔥頭、榛果碎和蝦夷蔥末。

布列塔尼白豆、竹蟶與蕈菇燉煮

Ragoût de cocos de Paimpol, coquillages et champignons

6 人份

活躍時間
40 分鐘

烹煮時間
40 分鐘

食材

白豆和蕈菇
新鮮白豆（布列塔尼品種）2 公斤
洋菇 500 公克
黃色雞油菌菇 200 公克
紅蔥頭 2 顆
奶油 7 大匙（100 公克）

竹蟶白酒醬
竹蟶 1 公斤
紅蔥頭 1 小顆
白酒 3/4 杯（200 毫升）

燉菜
蔬菜高湯 4 杯（1 公升）
西班牙香腸 15 公克
鹽和現磨黑胡椒

上菜
羅勒 1 把
蝦夷蔥 1 把
麵包丁（非必要）

準備白豆和蕈菇

白豆取出豆仁（參見第 48 頁技巧），備用。處理、清洗兩種菇類（參見第 35 頁技巧），切成 5 公釐的大丁（參見第 65 頁技巧）。剝除紅蔥頭外層並切末（參見第 56 頁技巧）。將奶油放入大型煎鍋中，以大火融化，翻炒菇類和紅蔥頭。

製作竹蟶白酒醬

清洗、橇開竹蟶。剝除紅蔥頭外層並切末。將竹蟶和紅蔥頭放入湯鍋，以中大火加熱，倒入白酒，蓋上蓋子烹煮 3–4 分鐘，或直到竹蟶完全打開。挖出竹蟶肉，切丁。

製作燉菜

將白豆放入蔬菜高湯烹煮 20 分鐘。將西班牙香腸切小丁（參見第 60 頁技巧），放入小型煎鍋中翻炒，使其出油。用鹽和胡椒調味白豆，放入菇類、香腸和竹蟶丁。

上菜

清洗羅勒並切末，蝦夷蔥切或剪成末（參見第 54 頁的大廚筆記）。將盤子加熱，燉菜平均分裝到盤中。灑上香草末和麵包丁（若有使用）。

大廚筆記

布列塔尼白豆是一種產自布列塔尼的原產地名稱
保護（Protected Designation of Origin，簡稱PDO）認證豆類，
有新鮮或半乾燥的形式。
假如找不到這種豆，可使用乾燥白豆取代，
按照包裝指示調整烹煮時間。

菇類

酥脆與綿密洋菇咖啡蛋糕捲

Dessert moelleux et croustillant autour du café et du champignon de Paris

10 人份

活躍時間
2 小時

烘乾時間
1 夜

烹煮時間
2 小時

設備
矽膠烘焙墊
手持式攪拌機
溫度計
食物調理機
直立式攪拌機
擠花袋 2 個，其中一個
裝上直徑 4–5 公釐的圓
形花嘴

食材

乾燥菇粉
洋菇 150 公克

咖啡海綿蛋糕
中筋麵粉 1 又 2/3 杯
（190 公克）
泡打粉 3/4 小匙（3 公
克）
蛋 350 公克（約 7 顆蛋）
細砂糖 1 又 1/4 杯（250
公克）
水 2 大匙（30 毫升）
焦糖糖漿 1.5 小匙（7 毫
升）
咖啡精數滴
即溶咖啡 1.5 大匙（6 公
克）
糖粉

咖啡糖液
細砂糖 2 小匙（8 公克）
熱濃縮咖啡 2/3 杯（150
毫升）

咖啡奶霜
義式蛋白霜
水 1/3 杯（80 毫升）
極細砂糖 3/4 杯（145
公克）
蛋白 1/3 杯（75 公克，
約 2.5 顆蛋的蛋白）
卡士達醬
低脂牛奶近 1/2 杯（115
毫升）
蛋黃 1/3 杯（90 公克，
約 4.5 顆蛋的蛋黃）
細砂糖 1/2 杯又 2 大匙
（115 公克）
無鹽奶油 4.5 條（500
公克），切丁放在常溫
咖啡精適量

榛果蛋白霜
糖粉 1/2 杯（65 公克）
極細砂糖 1 杯減 2.5 大
匙（190 公克），分成
兩份
榛果粉 3/4 杯（65 公克）
蛋白 1/2 杯（125 公克，
約 4 顆蛋的蛋白）

榛果奶油
吉利丁片 2 片
濃稠卡士達醬 250 公克
榛果帕林內 150 公克
鮮奶油近 1/2 杯（100
毫升），至少 35% 脂肪

上菜
洋菇 5–7 朵

製作乾燥菇粉

前一天，先清洗洋菇並切末（參見第 75 頁技巧），放進 60℃的烤箱中烘乾一夜。磨成粉。

製作咖啡海綿蛋糕

烤箱預熱到 240℃，烤盤上鋪一張矽膠烘焙墊。麵粉和泡打粉過篩。使用手持式攪拌機攪打蛋和糖，使其顏色變淡、質地濃稠。攪入水、焦糖糖漿、咖啡精和即溶咖啡。拌入麵粉和泡打粉，使其完全混合，接著將麵糊倒入烤盤，形成薄薄的一層。放進烤箱烘烤 2 分鐘，取出，立即灑上糖粉，放涼。製作咖啡糖液：把糖放入熱的濃縮咖啡中溶解，接著放涼。將糖液刷在放涼的海綿蛋糕上。

製作咖啡奶霜

首先製作義式蛋白霜：將水和糖一起加熱，使糖溶解，煮沸後繼續煮到 118℃。同一時間，將蛋白放入裝有打蛋器的直立式攪拌機鋼盆，打到乾性發泡。把煮好的糖漿緩緩倒入鋼盆攪打，打到蛋白霜冷卻到常溫。製作卡士達醬：將牛奶放入中型湯鍋煮沸。用打蛋器將蛋黃和糖放入大鋼盆中攪打到顏色變淡、質地濃稠。攪入一些熱牛奶到蛋黃和糖之中，再全部倒進湯鍋，放回瓦斯爐上，不斷攪拌到卡士達的溫度來到 84℃。讓卡士達醬冷卻一下，倒在奶油上，使用手持式攪拌機攪打到出現泡沫。使用可拗折的刮刀拌入義式蛋白霜，添加咖啡精調味。

製作榛果蛋白霜

烤箱預熱到 130℃，烤盤上鋪一張矽膠烘焙墊。將糖粉、近 1/3 杯（65 公克）的極細砂糖和榛果粉一起放入食物調理機，磨得非常細緻。將蛋白放入裝有打蛋器的直立式攪拌機鋼盆，一邊慢慢放入剩下的 2/3 杯（125 公克）極細砂糖，一邊打到乾性發泡。使用可拗折的刮刀拌入乾性材料。將蛋白霜放入裝有直徑 4–5 公釐圓形花嘴的擠花袋，在烤盤上擠出長長的圓柱體。放進烤箱烘乾 2 小時，使其變得酥脆。放涼，接著壓成碎塊。

製作榛果奶油

吉利丁片泡在冷水中軟化。將濃稠卡士達醬和榛果帕林內放入湯鍋中，以小火加熱。擠出吉利丁片的水分，放入鍋中拌到融化。放涼。將鮮奶油打到濕性發泡，輕柔拌入食材。

組合

海綿蛋糕塗抹一些咖啡奶霜。將生洋菇切薄片，放在奶霜上，保留幾片之後裝飾用。將海綿蛋糕緊緊捲成圓柱體，抹上剩餘的奶霜，裹上壓碎的榛果蛋白霜，切成 2 公分的蛋糕片。在每一個盤子上刷一些榛果奶油，剩下的榛果奶油裝入另一個擠花袋，剪掉尖角，在上面擠上幾坨奶油。在每一個盤子上擺放 2 片蛋糕捲、幾片洋菇，接著灑上乾燥菇粉。

雞油菌菇奶油濃湯佐蒸煮蛋

Crémeux de girolles et œuf parfait

6 人份

活躍時間
15 分鐘

烹煮時間
1 小時

設備
蒸烤箱或蒸鍋
均質機
細目篩網
直徑 6 公分的餅乾圓模
水浴
打沫勺

食材

蒸煮蛋
蛋 6 大顆，有機為佳

雞油菌菇奶油濃湯
黃色雞油菌菇 400 公克
紅蔥頭 1 顆
鴨油 3 大匙（60 公克）
白色雞高湯 3/4 杯
（200 毫升）
鮮奶油 3/4 杯（200 毫
升），至少 35% 脂肪
鹽和現磨黑胡椒

裝飾
黃色雞油菌菇 200 公克
醃燻鴨胸 1 片
鴨油，油炸用
吐司 6 片
蝦夷蔥 1 把
醋
榛果 1/4 杯（50 公克），
剖半
紫蘇葉和紅脈酸模苗數
枝

製作蒸煮蛋

將蛋放進 63℃ 的蒸烤箱或蒸鍋中烹煮 1 小時。

製作雞油菌菇奶油濃湯

蒸蛋的同時，清洗雞油菌菇（參見第 35 頁技巧），包括裝飾要用的那些。剝除紅蔥頭外層並切末（參見第 56 頁技巧）。將鴨油放入中型湯鍋，以中火融化，翻炒紅蔥頭幾分鐘，但不要上色。放入 400 公克的雞油菌菇，翻炒數分鐘。倒入雞高湯煮沸，轉小火，微滾約 10 分鐘。使用均質機攪打滑順，接著使用細目篩網過篩。拌入鮮奶油，再次煮沸。離火，用鹽和胡椒調味，備用。

裝飾

將醃燻鴨胸切薄片。將鴨油放入熱鍋中融化，短暫翻炒雞油菌菇。取出菇，鴨油繼續留在鍋中。使用餅乾圓模壓出 6 片吐司圓片，放在鴨油中煎成金褐色。清洗蝦夷蔥，接著切或剪成末。重新加熱雞油菌菇奶油濃湯。蛋快蒸好時，將一鍋加了不少醋的水浴煮沸。小心把蛋打進熱水中，完成凝固的過程。蛋白應該凝固，但是蛋黃仍具流動性。使用打沫勺小心撈出蒸煮蛋。將雞油菌菇奶油濃湯倒入湯碗中，放一片吐司在中央，上面放一顆蛋。捲起鴨胸片，跟炒雞油菌菇、蝦夷蔥末、榛果以及紫蘇葉和紅脈酸模苗一起擺盤。

牛肝菌菇小塔佐蔥蒜鮮奶油

Tartelettes aux cèpes, chantilly ail et ciboulette

4 人份

活躍時間
1 小時

靜置時間
30 分鐘

冷藏時間
1 小時又 10 分鐘

烹煮時間
1 小時

設備
直徑 8 公分的塔圈 4 個
矽膠烘焙墊
手持式攪拌機
擠花紙筒

食材

塔皮
中筋麵粉 2 杯（250 公
克）
無鹽奶油 1 條又 2 小匙
（125 公克），冷藏
冷水 4 大匙（60 毫升）
鹽 1 小匙（5 公克）
蛋黃 1 顆
活性炭粉 20 公克

牛肝菌根芹菜內餡
根芹菜 150 公克
檸檬汁或醋些許
鵝肝 100 公克（非必要）
牛肝菌菇 600 公克
紅蔥頭 30 公克（約 1 顆
中型紅蔥頭）
奶油 2 小匙（10 公克）
白色雞高湯近 1/2 杯
（100 毫升）
巴西利末 1 小匙
鹽和現磨黑胡椒

牛肝菌菇頂層配料
牛肝菌菇 400 公克
澄清奶油

蔥蒜鮮奶油
蝦夷蔥 1/2 把
鮮奶油 1 又 2/3 杯（400
毫升），至少 35% 脂肪
蒜泥 50 公克
鹽和現磨黑胡椒

上菜
小牛肝菌菇 4 朵
澄清奶油
高脂鮮奶油 2/3 杯（150
毫升），加一點水稀釋
成適合擠花的濃稠度
罌粟籽 1 小匙（3 公克）
小地榆和紫蘇葉數小枝
炸洋蔥 2 大匙
牛肝菌菇粉些許

製作塔皮

將麵粉過篩到乾淨的檯面上。奶油切丁，搓進麵粉中，使其呈現麵包屑狀。挖一個洞在中央，倒入水、鹽和蛋黃。使用刮板把食材混合在一起，接著用手輕輕揉成麵團。秤出三分之一的麵團，將活性炭粉搓揉進去。將兩塊麵團滾圓，稍微壓扁，用保鮮膜包覆，放進冰箱靜置 30 分鐘，讓麵團不再有彈性。一次處理一塊麵團，將麵團放在兩張烘焙紙之間擀成 5 公釐的厚度。塔圈放在矽膠烘焙墊上。從原味麵團中切出 4 個直徑 8 公分的圓餅，放入塔圈中，冷藏 20 分鐘。將兩種麵團切成 1 公分寬的長條，用刷子沾濕長條的長邊，把兩種麵團的長條各拿一條黏在一起，變成雙色寬長條。將長條裁切成可以放進塔圈內壁的長度。沾濕塔圈底部的麵團圓餅，每一個塔圈都放入一個長條（黑色的部分在上面），用力壓緊以貼合底部。裁掉多餘的麵團。放進冰箱冷藏 20 分鐘，讓麵團出現一點薄殼。烤箱預熱到 160℃，盲烤塔皮 15 分鐘。烤箱不要關掉。

製作牛肝菌根芹菜內餡

清洗根芹菜並削皮，切小丁（參見第 60 頁技巧），放入擠了一點檸檬汁或是加了一點醋的冷水中，防止變色。若有使用鵝肝，把它放入乾鍋中，不加任何油脂，以大火短暫乾煎。取出鍋中，使用紙巾吸收多餘的油脂，切小丁。清洗牛肝菌菇（參見第 35 頁技巧），同樣切小丁。剝除紅蔥頭外層並切末（參見第 56 頁技巧）。將牛肝菌菇和一半的奶油放入煎鍋翻炒，取出備用。瀝乾根芹菜，用紙巾拍乾。將剩下的奶油放入鍋中，翻炒紅蔥頭和根芹菜幾分鐘，使紅蔥頭變得透明。倒入雞高湯，煮到根芹菜半熟。拌入巴西利末和鵝肝，用鹽和胡椒調味。將牛肝菌菇放回鍋中，將所有食材拌在一起。保持溫熱。

準備牛肝菌菇頂層配料

清洗牛肝菌菇並切片，放入澄清奶油中以大火短暫烹煮，但不要上色。

製作蔥蒜鮮奶油

清洗蝦夷蔥，接著切或剪成末（參見第 54 頁的大廚筆記）。將鮮奶油打發到濕性發泡，拌入蒜泥、蝦夷蔥、鹽和胡椒。

組合

將溫熱的牛肝菌根芹菜內餡舀進塔皮，上面整齊擺放重疊的牛肝菌菇片。將烤箱轉回 160℃，重新預熱 5 分鐘。將小牛肝菌菇切成四塊，使用一點澄清奶油煎到金黃。將高脂鮮奶油放入擠花紙筒，剪掉尖角，在每一個盤子上擠出漩渦狀。在鮮奶油上灑罌粟籽。在每一個盤子上小心擺放一個小塔和切成四塊的牛肝菌菇。放一坨蔥蒜鮮奶油使用小地榆、紫蘇葉和炸洋蔥裝飾，灑上牛肝菌菇粉。

雞油菌菇歐姆蛋

Omelette plate aux chanterelles

4 人份

準備時間
20 分鐘

烹煮時間
10 分鐘

設備
油炸鍋和油炸籃
溫度計

食材

配料
紅蔥頭 1 顆
雞油菌菇 400 公克
無鹽奶油 3 大匙（50 公克）
新鮮巴西利末 1 大匙
油封鴨下水 100 公克
康堤乳酪或其他帶有堅果風味的硬質乳酪 100 公克
珍珠洋蔥 100 公克
牛奶近 1/2 杯（100 毫升）
中筋麵粉 3/4 杯又 2 大匙（100 公克）
炸油
鹽

薄片
白色雞高湯 2/3 杯（160 毫升）
中筋麵粉 2 大匙（20 公克）
油菜籽油 1/4 杯（60 毫升）
鹽 1 撮

歐姆蛋
蛋 12 顆
鹽和胡椒

上菜
蔥 2 根
野生芝麻葉或一般芝麻葉 50 公克
橄欖油，最後淋一些

準備配料

剝除紅蔥頭外層並切末（參見第 56 頁技巧），清洗雞油菌菇（參見第 35 頁技巧）。將奶油放入煎鍋中，以大火融化，翻炒雞油菌菇和紅蔥頭。煮熟後，拌入巴西利末，保溫。將鴨下水切成大小一致的塊狀，從罐子裡取出油脂放入煎鍋中融化。放入鴨下水，徹底加熱。取出鍋中，保溫。將乳酪切成大小一致的丁狀，備用。珍珠洋蔥切片，剝成環狀。將牛奶倒入小碗中，麵粉倒在盤子上。洋蔥圈先沾裹牛奶，再沾裹麵粉，放入加熱到 160℃ 的炸油中炸到金黃。放在鋪有紙巾的盤子上瀝乾，用鹽調味，保持溫熱但不加蓋。

製作薄片

將所有食材放入鋼盆中混合均勻。以大火加熱不沾鍋，倒入 3 大匙的麵糊，煎到酥脆且稍微上色。取出鍋子，重複這個動作煎完剩下的麵糊。

製作歐姆蛋

雞蛋打散，用鹽和胡椒調味。把一些雞油菌菇放入煎鍋，以中火徹底加熱。倒入蛋液，煮到快要凝固但還有點流動性即可。灑上乳酪丁、鴨下水和剩下的雞油菌菇。

上菜

蔥綠切末，跟洋蔥圈和野生芝麻葉一起優美地擺放在歐姆蛋上，淋上橄欖油。將薄片掰成數片，灑在歐姆蛋上。

海膽袖珍菇卡布奇諾

Cappuccino iodé d'oursin et pleurote

10 人份

活躍時間
1 小時

烹煮時間
10 分鐘

設備
剪刀
果汁機
細目篩網
奶油發泡器和 2 顆氣彈

食材

海膽
海膽 30 顆

秀珍菇奶泡
秀珍菇 1 公斤（最好是種在咖啡粉上的）
橄欖油
鮮奶油 2 杯（500 毫升），至少 35% 脂肪
濃縮咖啡 4 小匙（20 毫升）
鹽和現磨黑胡椒

上菜
加熱海膽用的油
無鹽花生 1 杯（150 公克），大略切碎
咖啡豆磨粉

準備海膽

從海膽的口器開始，使用剪刀剪開距離海膽頂部三分之一的外殼。取出並捨棄纏繞迂迴的消化器官，接著取出生殖腺放進冰箱。仔細清洗海膽殼的內部，倒放在紙巾上瀝乾。

製作秀珍菇奶泡

清洗秀珍菇（參見第 35 頁技巧）並切片。將煎鍋放在瓦斯爐上，開大火，等到鍋子很燙的時候，倒入一些橄欖油，翻炒秀珍菇。取出一半備用。將鮮奶油倒入剩下的秀珍菇中，刮一刮鍋底，讓沾黏在鍋中的東西跟食材融合。轉小火，烹煮到液體收汁，變得濃稠。將鮮奶油和秀珍菇放入果汁機攪打滑順，接著使用細目篩網過篩。倒入咖啡，用鹽和胡椒調味。倒入奶油發泡器，裝上氣彈，放在常溫備用。

上菜

上菜前，將海膽生殖腺和一些橄欖油放入煎鍋中溫和加熱。放回海膽殼內，填入預留的秀珍菇和花生碎。最上面放入秀珍菇奶泡，灑上咖啡豆磨粉。

燜香菇

Shiitakés braisés

6 人份

活躍時間
30 分鐘

烹煮時間
40 分鐘

設備
直徑 4 公分的餅乾圓模

食材
香菇 18 大朵

香菇火腿內餡
香菇 600 公克
紅蔥頭 150 公克
醃火腿 5 片
1 把龍蒿的葉子
蔥 2 把
松子 3/4 杯（100 公克）
奶油 3 大匙（50 公克）
乾型白酒近 1/2 杯（100 毫升）
蛋 1 顆
褐色雞肉汁 3 大匙（50 毫升）
鹽之花
現磨黑胡椒

上菜
奶油 3 大匙（50 公克）
奧勒岡數枝
黃捲鬚萵苣數枝
雞肉汁 1 又 1/4 杯（300 毫升）

準備香菇

清洗大香菇，放入一鍋滾水中速燙 30 秒鐘。瀝乾備用。

製作香菇火腿內餡

烤箱預熱到 150℃。清洗香菇並切小丁（參見第 60 頁技巧）。剝除紅蔥頭外層並切末。火腿切小丁。清洗龍蒿葉並切末。清洗蔥並切末。烤盤上鋪一張烘焙紙，將松子鋪在上面，放進烤箱烘烤約 10 分鐘，使其稍微上色。將奶油放入煎鍋，以中火融化，翻炒紅蔥頭。放入香菇，用鹽和胡椒調味，嗆入白酒。蓋上蓋子，烹煮 15 分鐘。放入鋼盆，跟松子、蛋、龍蒿、蔥和火腿混合。用鹽和胡椒調味，拌入雞肉汁。

上菜

使用餅乾模將大香菇壓成圓片，再將圓片橫切對半。將奶油放入煎鍋加熱，翻炒香菇片 5–10 分鐘。使其軟化。瀝乾，將內餡舀到一半的香菇片上，再將剩下的香菇片放在上面，夾住內餡。在每一個盤子上放 3 個香菇三明治，使用奧勒岡和捲鬚萵苣裝飾。加熱雞肉汁，淋上去。

黑雞油菌菇酥皮肉派

Pâté en croûte aux trompettes-de-la-mort

8 人份

活躍時間
3 小時

醃漬與靜置時間
1 天

烹煮時間
5 小時

設備
直立式攪拌機
絞肉機
打沫勺
35 公分乘 7.5 公分、高度 8 公分的吐司模
速顯溫度計

食材

醃漬黑雞油菌菇
黑色雞油菌菇 400 公克
蒜頭 2 瓣
楓糖漿 1 大匙（20 公克）
香菇醬油 4 小匙（20 毫升）
雪莉醋 2 大匙（30 毫升）
蝦夷蔥 1/4 把
新鮮龍蒿末 1 大匙

酥皮
奶油 3 條（350 公克）
細鹽 2 小匙（10 公克）
糖 4 小匙（20 公克）
中筋麵粉 5 杯（500 公克）
稍微打散的蛋液逾 1/4 杯（65 公克，約 1 顆蛋）
水 1/3 杯（85 毫升）

內餡和肉條
鴨 1 隻
穀飼雞 1 隻
鴿子 1 隻
鵝肝 200 公克（非必要）
豬背油脂 400 公克
豬頸肉 400 公克
白酒 3 大匙（50 毫升）
細鹽和現磨黑胡椒

黑雞油菌菇
黑色雞油菌菇 500 公克
無鹽奶油 3 大匙（50 公克）

雞肉凍
鴨、雞和鴿子的骨架
香草束 1 把（大蔥綠葉、西洋芹、百里香、月桂葉和巴西利梗，用棉繩綁起來）
紅蘿蔔 1 根
洋蔥 1 顆
大蔥 1 根
蛋白 100 公克（約 3 顆蛋的蛋白）
金級吉利丁片 9 片（18 公克）

組合
奶油，塗抹模具用
蛋黃 1 顆
水 4 小匙（20 毫升）

上菜
黃色捲鬚萵苣數枝
雪豆苗
榛果

製作醃漬黑雞油菌菇

清洗雞油菌菇（參見第 35 頁技巧），放入一鍋滾水短暫速燙，瀝乾。蒜頭去皮、壓碎。將楓糖漿、香菇醬油、醋和蒜頭放入小型湯鍋中煮沸。倒在雞油菌菇上，放涼，接著放進冰箱醃漬 24 小時。隔天，將蝦夷蔥切或剪成末（參見第 54 頁的大廚筆記），跟龍蒿末一起加進去。

製作酥皮

將奶油、鹽、糖和麵粉放入裝有攪拌槳的直立式攪拌機鋼盆，放入蛋和水，攪拌到形成一塊平滑麵團。滾圓，包覆保鮮膜，放進冰箱備用。

製作內餡

鴨、雞和鴿子去骨，將胸部和大腿的部位放在一旁，翅膀和骨架的部分留給肉凍使用。將所有肉類秤重。以每 1 公斤使用 2 小匙（10 公克）細鹽和 2 小匙（5 公克）胡椒的比例，將鹽和胡椒灑在鴨肉、雞肉、鴿肉、鵝肝、豬背油脂和豬頸肉上面。將鴨胸、雞胸、鴿胸和鵝肝拿起，剩下的肉切塊，放在碗中，倒入白酒。將鴨、雞和鴿子的腿肉以及豬背油脂和豬頸肉絞碎。胸部的部位縱切成 1 公分寬的長條，鵝肝切成同樣大小的長條。

準備黑雞油菌菇

清洗雞油菌菇（參見第 35 頁技巧）。將奶油放入煎鍋中，以大火翻炒雞油菌菇。瀝乾，切末，放涼，拌入內餡中。放進冰箱備用。

製作雞肉凍

將鴨、雞和鴿子的骨架放入一大鍋的水中，放入香草束，慢慢煮沸，撈掉浮沫。把火轉小，微滾 4 小時。放涼，接著冷藏到脂肪浮到表面上凝固，整鍋湯也充分冰涼。撈掉油脂。紅蘿蔔削皮，剝除洋蔥外層，清洗大蔥（參見第 33 頁技巧）。將蔬菜切小丁（參見第 60 頁技巧）。將蛋白打到出現泡沫，拌入蔬菜，接著放入冰涼的高湯中。使用乾淨的布濾出清澈的高湯，放回瓦斯爐，開小火。吉利丁片泡在冷水中軟化。擠出吉利丁片的水分，拌入熱湯到融化為止。

組合

烤箱預熱到 220℃。用擀麵棍將酥皮擀成 2–3 公釐厚。切成數個長條，用來鋪在模具各面，再切一塊用來鋪在頂部的。模具塗抹奶油，在底部和四邊黏上酥皮，輕壓接合處，使其牢牢封緊。鋪一層內餡在模具中，在上面鋪一些禽鳥和鵝肝的肉條。繼續堆疊，直到鋪了四層內餡、三層肉條。在用來鋪在頂部的酥皮上刺出距離相等的四個洞，邊緣用水沾濕後，放在最後一層內餡上方，輕壓邊緣和黏在模具四邊的酥皮，使其黏合。將四張鋁箔紙捲成小管子，插進頂層酥皮的小洞裡固定，烘烤時蒸氣才出得來。將蛋黃和水攪打均勻，刷在酥皮上。烘烤 15 分鐘，使酥皮稍微褐化，接著將烤箱溫度下降到 170℃，續烤 45 分鐘，使肉派的核心溫度達到 68℃。從鋁箔小管緩緩倒入一些尚未凝固的雞肉凍，趁內餡還很熱時會吸收得比較好。不要拿起管子，讓肉派放涼，再次從管子倒入剩餘的雞肉凍。雞肉凍應該會填滿整個內餡，來到管子底部。小心取出管子，讓肉派靜置至少 24 小時再食用，這樣食材風味才能熟成融合。

上菜

將酥皮肉派切片，跟醃漬黑雞油菌菇一起上菜，使用一把捲鬚萵苣、雪豆苗和榛果裝飾。

大廚筆記

傳統的酥皮肉派有四層內餡和三層肉條。

羊蹄菇和骨髓

Pieds-de-mouton et os à moelle

6 人份

活躍時間
20 分鐘

烹煮時間
30 分鐘

設備
直徑 3 公分的花朵造型
餅乾模
矽膠烘焙墊 2 張

食材

羊蹄菇
羊蹄菇 600 公克
洋蔥 1/2 顆,最好是粉
紅羅斯科洋蔥或其他品
種的甜洋蔥
奶油
新鮮巴西利末 1 大匙
鹽和現磨黑胡椒

骨髓
骨髓 3 根,請肉販縱切
對半

烤吐司片
奶油 3 大匙(50 公克)
5 公釐厚的吐司 2 片

菠菜
菠菜嫩葉 30 公克

上菜
黑蹄火腿或其他西班牙
醃火腿切片 6 片,切小
塊

準備羊蹄菇

清洗羊蹄菇並切碎或切片(參見第 35 頁技巧)。剝除洋蔥外層並切末(參見第 56 頁技巧)。將奶油放入煎鍋中,以大火融化,短暫翻炒羊蹄菇和洋蔥。用鹽和胡椒調味,拌入巴西利末。

準備骨髓

仔細清洗骨髓,準備在上菜時使用。烤箱預熱到 180℃。將骨髓放入可進烤箱的盤子上,視大小烘烤 10–12 分鐘。拿出烤箱,保溫。將烤箱溫度下降到 170℃。

製作烤吐司片

製作澄清奶油,將奶油放入厚底鍋,以小火融化。撈掉白沫,將清澈的黃色奶油層倒入罐子裡,不要倒入底部的乳白殘渣。使用花朵造型的餅乾模將吐司片壓成 12 朵花,放在其中一張矽膠烘焙墊上。刷上澄清奶油,將第二張矽膠烘焙墊放在上面,放進烤箱烘烤 8 分鐘。

準備菠菜嫩葉

清洗菠菜嫩葉,放入脫水器中,旋轉至乾(參見第 28 頁技巧)。

上菜

將骨髓放回烤箱幾分鐘,接著把羊蹄菇放在上面,只留幾片裝飾用。將火腿片、菠菜嫩葉、保留的羊蹄菇和烤吐司片優美地擺放在上面。

黑松露鑽石

Diamant truffe noire en chaud-froid

6 人份

活躍時間
1 小時

烹煮時間
30 分鐘

設備
食物調理機
細目篩網
擠花袋
直徑 5 公分的餅乾圓模
松露專用刷
切片器
蒸鍋
果汁機

食材

奶油雞肉餡
雞胸肉 150 公克
蛋白近 1/4 杯（50 公克，約 2 顆蛋的蛋白）
鮮奶油近 1/2 杯（100 毫升），至少 35% 脂肪
墨汁 1 小匙（5 毫升）

馬鈴薯
馬鈴薯 3 大顆
松露油 4 小匙（20 毫升）
白色雞高湯 3 大匙（50 毫升）
鹽之花
現磨黑胡椒

馬鈴薯淋面
褐色雞肉汁近 1/2 杯（100 毫升）
馬德拉酒 4 小匙（20 毫升）

黑松露
60 公克的黑松露 6 朵
松露油些許，淋面用

松露油醋醬
蛋 1 顆
松露風味的芥末醬 1 大匙（15 公克）
巴薩米克醋 4 小匙（20 毫升）
初榨橄欖油 3 大匙（50 毫升）
Viandox（濃縮肉精）調味醬 1/2 小匙

麵包丁
吐司片 100 公克
花生油近 1/2 杯（100 毫升）
細海鹽

上菜
黃色捲鬚萵苣 200 公克
金箔 1 張（非必要）
香葉芹 1/4 把

製作奶油雞肉餡

將雞胸肉、蛋白和鮮奶油放入食物調理機攪打細緻，壓過細目篩網，以得到非常滑順的餡料，接著拌入墨汁。放入擠花袋，冷藏備用。

準備馬鈴薯

滾燙未削皮的馬鈴薯。瀝乾，削皮，切成 1 公分厚的切片。使用餅乾圓模將切片壓成圓片。將馬鈴薯片鋪在有邊烤盤上，淋上松露油和白色雞高湯，用鹽和胡椒調味，備用。

製作馬鈴薯淋面

將褐色雞肉汁和馬德拉酒放入小型厚底鍋收汁，使用這個醬汁淋在溫熱的馬鈴薯片上。

準備黑松露

將松露刷乾淨，接著削皮。用切片器切成 1 公釐厚的薄片，削切下來的東西全部留著製作油醋醬。在每一片松露上擠一些雞肉餡，接著重新堆疊成松露的樣子。包覆保鮮膜固定形狀，接著蒸 15 分鐘。放涼，撕開保鮮膜。淋上一些松露油。

製作松露油醋醬

將蛋水煮 6 分鐘，使其半熟。跟松露風味的芥末醬和削切下來的松露一起放入果汁機攪打。放入巴薩米克醋，使用打蛋器打入橄欖油，拌入 Viandox 調味醬。

製作麵包丁

將吐司切成 5 公釐的丁狀。把油放入煎鍋中加熱，將麵包丁煎得完全金黃，放在紙巾上瀝乾。用鹽調味。

上菜

清洗捲鬚萵苣（參見第 28 頁技巧），挑出較小的葉子。清洗香葉芹。在每一個盤子中央放一片馬鈴薯。將捲鬚萵苣跟油醋醬混合，擺放在馬鈴薯片周圍。將松露切成一半，放在馬鈴薯片上。使用金箔（若使用）裝飾，接著在萵苣上灑一些麵包丁和香葉芹。

醃漬鴻喜菇和中式煎餃

Champignons shimeji au vinaigre, ravioles croustillantes

10 人份

活躍時間
2 小時

靜置時間
30 分鐘

烹煮時間
50 分鐘

設備
蒸烤箱或蒸鍋
速顯溫度計
溫度計

食材

快速醃漬鴻喜菇
白色鴻喜菇 150 公克
褐色鴻喜菇 150 公克
清澈褐色雞高湯 1 又 1/4
杯（300 毫升）
白酒醋 1 大匙（15 毫升）
糖 1 撮
榛果油 1 小匙（5 毫升）
鹽

鴨肝（非必要）
完整鴨肝 2 塊
細海鹽

中式煎餃
雞胸肉 2 片
蝦子 8 大隻，剝殼去腸
泰國香菜 1/4 把
蔥 5 根
3 公分的薑 1 塊
大白菜 1/2 顆
10 公分長的方形餛飩皮
20 張
芝麻油 1 小匙（5 毫升）
鹽

上菜
紅脈酸模苗葉子數片
熱的清澈褐色雞高湯 4
杯（1 公升）

製作快速醃漬鴻喜菇

將兩種鴻喜菇放入湯鍋中，以大火加熱，倒入雞高湯，蓋上蓋子煮沸。滾煮 1 分鐘。離火，放入醋、糖、榛果油和鹽。放涼。

準備鴨肝（非必要）

將鴨肝放到常溫，把鹽搓在鴨肝上充分沾裹，靜置 30 分鐘。洗掉鹽分，放進 66℃ 的蒸烤箱或蒸鍋中，每面烹煮約 10 分鐘，使核心溫度達到 46℃。放涼，接著縱切成 1–1.5 公分厚的切片。靜置在常溫下。

製作中式煎餃

用刀子將雞胸肉和蝦子切得非常細。將泰國香菜和蔥切末（參見第 56 頁技巧）。把薑削皮磨泥。將大白菜切絲，切掉粗梗的部分，接著把菜絲跟鹽一起放入碗中 30 分鐘，以逼出多餘的水分。洗掉鹽分，充分瀝乾。將大白菜、薑、蔥、香菜、蝦和雞肉混合在一起，變成滑順的內餡。將一坨內餡舀到每一張餛飩皮的中間，邊緣沾濕，像包餃子一樣折起來。將不沾鍋加熱，鋪一層餃子，倒入足夠覆蓋一半餃子高度的水。放入芝麻油，煮沸，烹煮到水分完全蒸發。讓其中一面褐化。

上菜

在每一個盤子上放一片鴨肝（若有使用）和一個煎餃（煎面朝上）。使用醃漬的鴻喜菇和幾片紅脈酸模苗的葉子裝飾。將雞高湯倒入一個玻璃罐，再倒入碗中。

大廚筆記

如果想要，可以省略鴨肝，
但是煎餃的量就要增加一倍。

雪莉酒燉羊肚菌菇裹胸腺餡

Morilles farcies, braisées au Xérès

6 人份

活躍時間
1.5 小時

重壓時間
1 小時

烹煮時間
30 分鐘

設備
擠花袋

食材

羊肚菌菇
新鮮羊肚菌菇 36 朵
水 4 杯（1 公升）
白醋近 1/2 杯（100 毫升）
猶太鹽或粗海鹽 2 小匙
（10 公克）

內餡
白酒醋近 1/2 杯（100 毫升）
猶太鹽或粗海鹽 2 小匙
（10 公克）
小牛胸腺 350 公克
橄欖油 3 大匙（50 公克）
微鹽奶油 3 大匙（50 公克），分成兩份
紅蔥頭 200 公克
乾醃火腿 100 公克
粉紅蒜頭 5 瓣
檸檬百里香 1 枝
乾型堤歐雪莉酒近 1/2 杯（100 毫升）
褐色小牛汁近 1/2 杯（100 毫升）
1/2 把香葉芹的葉子
鹽之花
現磨黑胡椒

上菜
微鹽奶油 1 條（100 公克）
褐色小牛汁 1 又 3/4 杯（400 毫升）
乾型雪莉酒 1/2–2/3 杯（100–150 毫升）
帕瑪森乳酪削片
切碎的核桃
芳香萬壽菊葉子

準備羊肚菌菇

清洗羊肚菌菇並切掉蕈柄（參見第 35 頁技巧）。將 4 杯（1 公升）水放入湯鍋中煮沸，放入醋和鹽，速燙羊肚菌菇 30 秒鐘。這非常重要，因為羊肚菌菇不能夠生吃，用這種方式速燙可以殺死其中可能含有的毒素。瀝乾，放涼，冷藏備用。

製作內餡

再將另一鍋水煮沸，放入醋和鹽，速燙胸腺至少 10 分鐘。瀝乾，放涼，撕掉外膜、移除脂肪。將胸腺放在兩個烤盤之間，上面放一個 1 公斤的重物，靜置 1 小時，將所有水分擠出來，接著把放涼的胸腺放進冰箱。將胸腺切小塊，放入煎鍋的橄欖油中，以大火炙燒。放入 2 小匙（10 公克）奶油，烹煮到稍微褐化。取出鍋中，瀝乾多餘的油脂。剝除紅蔥頭外層並切末（參見第 56 頁技巧）。將醃火腿些小丁（參見第 60 頁技巧）。蒜頭去皮、去芽、切末。將剩下的奶油放入同一個煎鍋中，以中火融化，翻炒紅蔥頭、火腿和蒜頭。放入檸檬百里香的葉子，用鹽和胡椒調味，嗆入近 1/2 杯（100 毫升）的雪莉酒。煮到收汁。放入胸腺塊，倒入小牛汁。微滾約 15 分鐘，離火放涼。同一時間，清洗香葉芹，將其中一半切末，拌入放涼的內餡中。將內餡放入擠花袋，剪掉尖角，擠到羊肚菌菇裡。

上菜

將煎鍋底部塗抹大量奶油，放入填有內餡的羊肚菌菇和百里香梗。倒入足夠覆蓋羊肚菌菇的小牛汁，根據個人口味倒入 1/2–2/3 杯（100–150 毫升）的雪莉酒。以小火燉煮羊肚菌菇，不時澆淋鍋中的汁液，使其呈現光澤。將羊肚菌菇跟一些湯汁放入湯碗，使用帕瑪森乳酪削片、切碎的核桃和芳香萬壽菊葉子裝飾。

附録
APPENDIXES

索引

謝辭

感謝所有在困難重重的背景下仍付出熱情完成這部著作的團隊：斐杭狄高等廚藝學校的廚師傑瑞米‧巴內、斯特凡納‧亞基奇和弗雷德里克‧勒蘇德，謝謝你們的專業和創意；奧黛莉‧珍妮特，謝謝妳的有條有理和反應迅速；艾絲特蕾爾‧帕雅妮（Estérelle Payany），謝謝妳的寶貴知識；瑞娜‧努拉（Rina Nurra），謝謝妳敏銳的攝影師眼光；愛麗絲‧勒羅伊（Alice Leroy），謝謝妳自信滿滿地展現所有的心血；英文版的自由接案團隊，謝謝你們如此勤奮有耐心。

也感謝瑪莉內‧莫拉（Marine Mora）和 Matfer Bourgeat 集團以及莫拉商店提供器材與設備。

www.matferbourgeat.com
www.mora.fr